BBC專家帶

DISCOVERIES：
SCIENCE NEWS OF THESE DAYS

科學新視野

CONTENTS

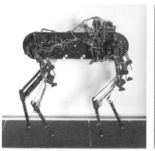

CHAPTER **1**

人類與醫學

「餓到氣」是真的

**科學家追蹤進食與情緒的關聯性，
發現肚子餓真的會讓人生氣。**

太久沒吃東西，就會開始覺得有點火大，這是個很普遍的現象。吃飽撐著時可能不會讓你覺得煩心的事，在餓著時卻會讓你握緊雙拳，青筋暴起。

在此之前，「餓到氣」一直都是一種概括性的口語表述，而不是在科學上有憑有據的說法。不過當社會心理學家被說餓到氣時，他們卻決定要來仔細研究這種情緒（大概會先吃個點心再開工）。

「之所以會做這項研究，部分是因為我太太經常說我餓到氣，但我並不認為有餓到氣這回事。」這項研究的領銜作者，英國安格里亞魯斯金大學的維倫‧史瓦彌教授（Viren Swami）說，「不過主因是我對於飢餓以及進食，對人類情緒與行為產生的影響很感興趣啦。」

史瓦彌及其同事是率先專門研究餓到氣的人，不過先前在實驗室環境進行的相關研究就已經指出飢餓與心情之間有其關聯。「研究指出，有些非人類物種欠缺食物時，會提升牠們積極獲取食物來源的動機。」他解釋，「而人類感到飢餓時，跟情緒與行為障礙間有何關係，過去已有人加以檢視（尤其是兒童的狀況），但結果卻有些出入。」

這項新研究要求 64 位來自中歐的成人，在每天幾個時間點記錄自己的情緒與飢餓程度。研究人員發現在三週期間內，生氣、惱怒、以及不開心等情緒波動，與飢餓感息息相關。事實上，飢餓感會造成受測者 34％的生氣情緒變化程度，以及 37％的惱怒

情緒變化程度。

　　飢餓為何會讓我們感到惱怒，其確切原因仍屬未知。有些人認為這可能與血糖濃度低有關，先前的實驗顯示這會使人們更為衝動且具侵略性。抑或是欠缺食物會影響人們的自我控制與調節能力，有些人認為這會觸發生氣等負面情緒。不過目前這項研究著重於找出關聯性，而不是其成因。

　　史瓦彌表示，對於那些會餓到氣的人來說，對於自身感覺更有覺知，可以減低飢餓導致個人產生負面情緒與行為的可能性，「雖然我們的研究並未提出減緩飢餓引發負面情緒的方法，不過其他研究指出，只要能夠辨別出我們只是餓到氣，就有助於人們調節這樣的情緒。」（高英哲譯）

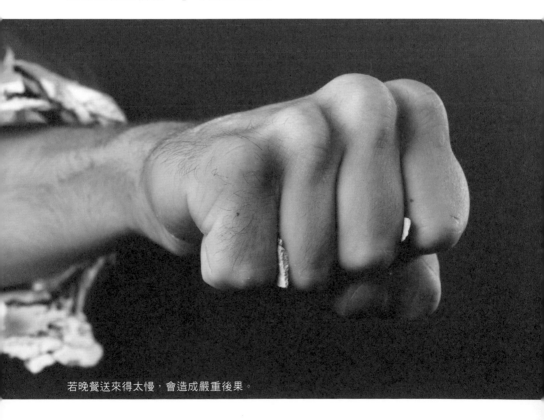

若晚餐送來得太慢，會造成嚴重後果。

手機螢幕讓你加速變老

關於果蠅的研究發現藍光對細胞功能有重大影響。

我們經常聽說在智慧型手機上花太多時間對人體不好,現在一項新研究顯示,它甚至會加速老化的速度。

美國俄勒岡州立大學的研究人員利用果蠅來測試藍光的影響,發現證據顯示我們的基本細胞功能會受到從智慧型手機以及其他裝置散發的藍光影響。

「暴露在每天使用的裝置例如電視、筆電以及手機的藍光下,可能對於身體許多種細胞帶來毀滅性的影響。包括皮膚與脂肪細胞,一直到感覺神經元。」研究的資深作者,俄勒岡大學的雅德維加·吉布爾托維茨教授(Jadwiga Giebultowicz)說,「我們率先發現,對於細胞正常運作很重要的特定代謝產物的多寡,在受到藍光照射的果蠅身上發生改變。研究顯示,避免過度藍光照射也許是良好的抗老方法。」

在此研究中，團隊發現照射藍光的果蠅會啟動體內對抗壓力的基因。在完全黑暗環境底下生活的果蠅壽命也被發現較長。「為了瞭解為何高能量藍光會造成果蠅的加速老化，我們比較了照射藍光兩星期的果蠅，以及處於完全黑暗環境的果蠅這兩者體內的代謝產物濃度。」吉布爾托維茨說。

代謝產物是身體分解物質時的中間或最後產物，包括藥物、食物、化學物質或者任何攝取進體內的東西。研究人員發現照射藍光會讓果蠅頭部細胞的代謝產物濃度有大幅差異。特別是他們發現琥珀酸鹽（succinate）增加，麩胺酸鹽（glutamate）減少。

「琥珀酸鹽對於生產讓每個細胞運作與成長的燃料至關重要，藍光照射後的高濃度琥珀酸鹽可以比擬為汽油加進了幫浦裡，卻沒有真正加進汽車之中。」吉布爾托維茨說，「另外一項令人擔憂的發現是負責在神經元之間溝通的分子，例如麩胺酸鹽，會在照射藍光後減少。」

這項研究的結果顯示，照射過藍光後可能使細胞運作不良，造成細胞早死。如果生物照射太多藍光，或許就會導致加速老化。

雖然研究的結果顯示了藍光可能如何影響人類，但這項比較並非十全十美，研究人員再來想要對人類細胞進行進一步的研究。（陳毅澂譯）

螢幕的使用：調查數據

2022 年 4 月，英國里茲大學的研究人員調查了 500 名英國成年人的每日螢幕使用情形，以下是研究結果。

四分之一的受訪者 每天使用螢幕時間超過 14 小時。

一半的受訪者 說在新冠肺炎疫情的影響下，使用螢幕的時間增加了。

有四成受訪者表示 曾經歷生理副作用，包括眼睛酸澀、頭痛以及疲勞。

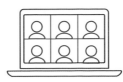

視訊會議扼殺創意

被拴在螢幕前讓我們比較無法天馬行空，影響創意思維。

由於疫情的緣故，越來越多人實行居家辦公。但有好幾項研究與調查指出，即使新冠肺炎的威脅淡去，許多人也想要繼續居家辦公。

然而美國的一項研究卻顯示，親身參與團隊在某些工作上，表現得比遠端辦公團隊更優秀。說得精確一點，研究者發現遠端辦公團隊在創意發想方面，表現得不如當面辦公團隊。但當工作進入到下一階段，要挑出哪些想法值得推動時，這兩種團隊的表現就不分軒輊。

這項研究有 602 名受測者，隨機兩兩分配成對，半數面對面坐在一個房間裡，另外半數則用視訊會議軟體，然後給他們五分鐘，發想像是飛盤或氣泡布之類的產品有何新奇用途，再用一分鐘選出其中最棒的點子。他們想出的所有點子，都會交給一隊獨立裁判，依據其創意跟可行性加以評分。

研究者發現，當面發想的團隊想出來的點子數目跟種類，比起虛擬發想的團隊更多更廣。不過以挑出「最佳」點子的能力而言（評分方式是比較他們選出點子的創意與可行性得分，與裁判選出的點子得分），兩種團隊差別甚微。

為了確保研究觀察到的特質以及所得出的結論，並不是針對任何特定母體所致（原始實驗是在美國大學校園進行，受測者偏向年輕人和女性），研究團隊於是重新進行了這項實驗，這次對象換成一間大型國際電信基礎建設公司中，來自歐洲、中東與亞洲五個國家的 1,490 名工程師。

研究團隊要求第二次測驗的受測者不是去發想假想性的用途，

視訊會議是跟位於不同地點的同事互動的便捷方式，但卻更難以讓腦力激盪。

而是要為他們真實的雇主想出新的產品點子，藉此更為貼切地重現現實生活情境。研究者運用包括語言學分析以及視線追蹤等各種方法，測試受測者想起在測試環境中所見物體的能力，發現當面發想的團隊會在房間裡東張西望，並且更常在交談時「搶話」；使用視訊會議軟體的團隊則是輪番發言，視線一直都保持在螢幕上，這對於產生點子會造成負面影響。

研究者得出結論，認為限縮視野可能會導致整體認知焦點也跟著限縮，更難想出新奇有創意的驚世點子。「我們的視覺聚焦於螢幕上，把邊緣視覺刺激過濾掉時，就會產生限縮的認知焦點，然而創意卻是受益於漫無焦點的思維。」研究的共同作者梅蘭妮‧布魯克絲教授（Melanie Brucks）說，「換句話說，我們的視覺被螢幕拴住時，精神上就比較沒辦法天馬行空。」

儘管如此，還是會有許多員工必須繼續經由視訊會議工作。英國民調公司輿觀（YouGov）在 2021 年底所做研究發現，有超過一半的英國受訪者，至少想要有部分時間居家辦公。有鑑於此，布魯克絲建議旗下有這兩種工作性質員工的雇主，要把比較具有創意性跟探究性的工作，留待與員工面對面的時候再進行。

既然這項研究發現，花時間在房裡東張西望觀察環境的受測者比較會產生有創意的點子，那麼也許下次要開團隊視訊會議時，安排一個東張西望的時段如何？（高英哲譯）

微休息防止工作倦怠

散散步以及伸展筋骨是有效利用休息時間的妙招。

與工作無關的小聊片刻,所謂的「閒話家常」,是許多人每日辦公室生活中備受歡迎的休息時間。現在期刊《公共科學圖書館:綜合》(*PLOS One*)上發表了一份新的後設分析,將各項證據綜合在一起,研究短暫的微休息是否能夠幫助工作的身心健康。

羅馬尼亞蒂米甚瓦拉西部大學的科學家團隊檢驗過去 30 年中 22 份研究資料,以找出在進行 10 分鐘微休息的任務中,從事的

活動是否能夠影響研究參與者的整體心情。

在研究實驗中設定的任務各不相同，包括模擬工作環境、與工作有關的作業，或者認知測驗。在這些任務之後，參與者進行 10 分鐘的微休息，在此期間他們可以從事的活動包括伸展筋骨、走路、看影片或是單純放鬆。這種微休息有時包括幫助同事，或是其他與工作有關的活動。

研究人員分析，當評斷這些休息對於一個人的情緒帶有正面或是負面效果時，休息期間從事的活動扮演了重要因素。參與者發現休息時從事運動特別有效，作者並指出「伸展筋骨及運動等身體活動與正面情緒的增加以及疲勞的減輕有關」。但若微休息活動包含幫助同事或是某些與工作相關的活動，將會造成負面情緒，降低身心健康並破壞睡眠品質。

整體而言，這些資料看起來支持微休息對於增進員工身心健康及減輕疲勞的作用，但是尚未有充足的證據顯示微休息能夠增進工作表現。

今日的員工正經歷工作倦怠、長工時，以及與日俱增的工作量，而微休息可以提供一個增進幸福感的方法。所以拿起你的茶壺，休息吧！（陳毅澂譯）

什麼是職業倦怠？

世界衛生組織（WHO）將職業倦怠（burnout）定義為一種症狀，起因為沒有得到成功抒發的慢性工作場所壓力，這會造成三種結果：
- 感到身心枯竭或精疲力盡
- 對於工作感到心理疏離，或對自身工作產生負面或厭倦情緒
- 專業效能低落

WHO 表示，這種倦怠不應該和生活中其他非工作相關的面向混為一談，它也並非為精神疾病的分類之一。

研究認為閱讀障礙不是病，是演化之必要

閱讀障礙大腦適合探索未知，
是人類生存和成功所需的關鍵特質。

英國劍橋大學的研究人員表示，閱讀障礙應該被視作一種差異，而不是疾患。這種觀點獲得許多研究的支持，有證據顯示閱讀障礙者的大腦特別擅長探索未知和思考大局。

人類適應著不斷改變的文化，閱讀障礙大腦的優點可能也因此形成。為了生存，我們需要學習技能和建立習慣，但也需要發揮創意，經由探索來找出新的對策，形成一種平衡。

海倫・泰勒（Helen Taylor）和馬丁・維斯特加德（Martin Vestergaard）的新研究發現，有些人專門運用習得的資訊，有些人則是專注於發掘和發明新事物。

研究認知和人類演化的泰勒說，「許多研究都指出，無論是有機體、大腦或蜂巢，只要是調適性系統，都需要在探索和運用之間取得平衡才能適應和存活。」她表示，研究已證實在進行程式性學習（procedural learning）時，閱讀障礙者的效率低於沒有閱讀障礙的人，但對於這兩種人來說是各有利弊。

「學習閱讀、寫字和彈鋼琴都是仰賴程式性記憶的技能，一旦學會，大腦就會自動、迅速地處理這些技能。」泰勒說明，「當某項技能自動化，本質上就是反覆運用相同的資訊。相反地，如果一個人無法習得自動性，對於過程就會保留有意識的認知，而這樣的優點是，他們仍有機會改善這項技能或處理技能的過程。」

一直以來，閱讀障礙都被稱作發展疾患、學習障礙或學習困

閱讀障礙會造成讀寫困難，但也與創意思考和解決問題的技能有關。

難。但泰勒表示，閱讀障礙和非閱讀障礙大腦的區別應該單純稱作「差異」。「我們都會在某些領域遇到困難，而那些領域是別人的強項。不幸的是，對閱讀障礙者而言，大家總是不斷強調他們的困難，部分是因為教育的性質，另一部分是因為讀寫在人類文化中很重要。」

泰勒和維斯特加德重新檢視了過去的心理學和神經學研究，發現閱讀障礙和非閱讀障礙大腦在構造上有著根本的差異，神經元和神經通路的排列方式尤其不同，取決於大腦擅長的是「顧全大局」的整體思考，或是「著眼細節」的局部思考。研究顯示，閱讀障礙者的腦神經擁有較多的遠端連結，局部連結則較少。泰勒說，由於這些思考方式是以平衡的狀態發展出來，所以協作時效果最好。若能結合整體思考的探索型大腦和局部思考的運用型大腦，就能開發出一個人或一群相似的人無法想像的方案。

泰勒表示，將閱讀障礙重新定義為一種差異，可以讓社會獲得更創新的對策，「需要強調的是，閱讀障礙者仍然面臨很多困難，但這是因為環境的關係，以及人們過於注重硬背和讀寫。反之，我們可以培養『探索式學習』，透過發掘和創造力來學習，這樣更能讓閱讀障礙者發揮優勢。」（王立柔譯）

聆聽鳥鳴能對抗憂鬱

藉由手機 app 進行的多國研究發現鳥鳴能讓心情變好。

想 變得開心很簡單！英國倫敦國王學院研究發現，賞鳥或聆聽鳥鳴就可以改善心理健康。

　　此研究中使用了《城市心靈》（Urban Mind）來蒐集資料，這是由倫敦國王學院、景觀設計師喬·吉本斯（Jo Gibbons）的工作室和遊牧計畫藝術基金會共同開發的智慧型手機 app。目前

創造良好的鳥類棲地也可以改善人類的心理健康。

已有將近 1,300 名來自英美及歐盟的自願受試者下載這個 app，他們每天都會收到三則通知，詢問是否能看到或聽到附近的鳥兒。接著，他們會收到一份簡短的心理健康評估問卷。研究人員發現，這些受試者能看到或聽到鳥兒時，心理比較健康。

「由於越來越多證據顯示，**擁抱大自然對心理健康有益**，我們直覺地認為鳥鳴和鳥兒的存在能改善心情。」倫敦國王學院的首席研究員萊恩·哈蒙德（Ryan Hammoud）如此說明，「但針對鳥兒對心理健康的影響，目前幾乎沒有即時的實地研究。」

《城市心靈》也蒐集了心理疾病的診斷資訊，發現鳥兒甚至能讓憂鬱症患者的心情變好。

「『生態系統服務』（ecosystem services）一詞常用來形容自然環境在某些方面對我們身心狀況的益處。」共同研究員、倫敦國王學院教授安德烈亞·梅切利（Andrea Mechelli）表示，「但是，要在科學上證明這些益處相當困難。這項研究提供了證據基礎，證明我們應該要創造或擁護生物多樣性很高的鳥類棲地，因為這與心理健康有密切的關係。」（王立柔譯）

DO YOU KNOW?

陽光讓我們更開心、更健康嗎？

放晴的日子讓我們感到更快活的信念深植在人們心中，然而科學證據卻令人訝異地模稜兩可。有些個別研究支持兩者間的連結，比方說德國柏林自由大學在大晴天訪查人們對於生活的滿意度，比起在陰天訪查時來得高。然而柏林洪堡大學一項規模更大的研究中，並未發現人們在較晴朗的日子裡心情會比較好的證據（不過他們倒是有覺得比較不容易疲倦）。

另一方面，許多人在較陰沉的冬季月份會比較容易感到沮喪的想法（這稱為「季節性抑鬱症」）也有爭議。美國有一項受試者超過 38,000 名的研究，並未發現曝曬陽光與罹患抑鬱症的風險之間存在有任何關聯。簡而言之，陽光有益於心情的證據並沒有那麼扎實。

科學家教培養皿中的
腦細胞打電玩

接下來還打算讓腦細胞喝醉。

自1972 年推出以來，《乓》（Pong）這款桌球電玩遊戲為各種性別、年齡層及各行各業的民眾提供了娛樂時光。如今，多虧了一支由神經科學家組成的國際團隊，這款遊戲服務的對象又多了一個含有 80 萬的腦細胞，名叫「盤子腦」（DishBrain）的培養皿。這位「生長在培養皿中的玩家」提供了證據，說明即使這些腦細胞並不屬於一個完整的器官，但依然可以展現智能行為的跡象。

研究團隊利用從幹細胞衍生而來的人類腦細胞，以及取自小鼠胚胎的腦細胞來打造「盤子腦」。接著，他們讓腦細胞在培養皿中生長，培養皿下方有一種特殊類型的矽晶片連接著讓腦細胞學習如何玩《乓》的系統。

研究人員透過晶片將球在螢幕位置的指示訊號傳送給「盤子腦」。球在螢幕左邊時，晶片左邊的電極會發出電訊號，反之亦然。與此同時，球與球拍的距離則是以訊號的頻率來表示。接著，使用電探針對盤子腦提供反饋，當球拍越靠近球，盤子腦得到的反饋就越強烈。

「這項研究的美妙及創新之處在於我們讓神經元有感覺（即得到反饋），而且至關重要的是，讓神經元有能力對所處的世界做出回應。」英國倫敦大學學院的理論神經學家，同時也是研究團隊成員之一的卡爾・福里斯頓教授（Karl Friston）這麼說，「值得注意的是，這些培養皿中的腦細胞學會了透過行動讓所處

的世界變得更加容易預測。這相當難能可貴，因為像這樣的自我組織是無法教導的，原因很簡單，這是由於腦細胞不像寵物那樣可以感受所謂的酬賞或處罰。」

過往的實驗已經成功監測到晶片上的神經元活動，但研究人員表示，「盤子腦」是第一個以有意義方式來刺激神經元的案例。

「盤子腦」讓科學家在研究神經退化性疾病以及潛在藥物的效用時，得以使用真正的腦細胞進行實驗，而非使用電腦模型。「這項研究蘊含的轉變潛力的確令人興奮：它意味著我們無須擔心透過創造『數位雙胞胎』來測試治療介入的效果。」福里斯頓說，「現在，原則上我們已經擁有終極的仿生『沙盒』來測試藥物和遺傳變異的效果，這是一個完全由相同組成（也就是你我腦中的神經元元素）所建構的沙盒。」

但是，在研究人員能夠展開藥物效用的研究之前，他們希望看到酒精對「盤子腦」的影響。「我們已經展現與活體生物神經元互動的能力，並迫使其調整行為，產生類似智力活動的結果。」在澳洲墨爾本新創生技公司皮質實驗室（Cortical Labs）擔任科學長，並負責領導這項研究的布瑞特‧凱根博士（Brett Kagan）這麼說，「我們正嘗試取得腦細胞對乙醇的劑量反應曲線。基本上，就是讓『盤子腦』喝醉，觀察它打電玩的成果是否變差，就像人們喝了酒那樣。」（陸維濃譯）

1 領導「盤子腦」研究的凱根（前者）。
2 掃描式電子顯微鏡下可見在矽晶片上培養的「盤子腦」。

能夠看透體內的超音波貼片

穿戴式造影技術讓我們得以更細緻地照看身體狀況。

美國麻省理工學院（MIT）的工程師研發出一種技法，用一塊簡簡單單的皮膚貼片，就能夠拍下人類體內器官的超音波影像。這不但可以減少花時間跑醫院的需求，還能夠即時監控器官、冠狀動脈支架、骨板，以及其他外科手術植入物。

超音波成像技法最早是在第一次世界大戰期間研發出來，用以偵測敵方潛艇，不過從 1940 年代開始，就應用於醫療上。人們對於這套技法感到熟悉，大多是因為它會用來拍攝子宮裡頭的寶寶。

這種大小跟郵票一樣的貼片可讓
超音波檢查變得容易許多。

這套技法的過程，是在皮膚上塗抹一層凝膠，好讓頻率遠高於人類聽覺門檻的超音波抵達皮膚，然後使用一根像是手杖的裝置，捕捉聲波從器官之類的體內結構反射回來的回聲，再利用這些資訊產生體內狀況的視覺影像。

　　科學家先前試過用一片彈性貼片，替代那根超音波「手杖」。早期的設計是把感應器嵌入彈性的塑膠裡，如此一來貼片就可以跟著病人移動，但感應器的相對位置會不斷移動，導致影像模糊，有點像是在慢跑時試著拍下一張清晰的照片。

　　麻省理工學院研發的這塊新貼片有所不同，它使用堅固不移的感應器陣列，以維持它們的相對位置，確保能夠得到清晰銳利的影像。這些感應器附著在三層黏性貼片上，在兩層薄薄的彈性體中間，夾著一層可促進聲波傳導的延展性水凝膠。

　　這塊貼片長寬大約各兩公分，厚度三公釐，大小跟郵票差不多。受測者穿戴著貼片，或坐或站，或慢跑或騎車，這些微小的超音波掃瞄器仍然能穩穩地黏在貼片上頭，製造出清晰的器官與血管影像。

　　這種貼片還可以提供連續 48 小時的超音波影像。有了這些影像，研究者就能看到血管的收縮和擴張，心臟在運動時發生的形狀改變，以及受測者的肌肉在舉重時，承受了什麼樣暫時性的小小損傷。

　　目前這塊貼片是用纜線連接到產生影像的機器上，不過研究者希望能夠儘快研發出無線的版本。「我們想要把幾塊貼片黏在身體不同區域，然後跟手機連線，讓人工智慧（AI）演算法按照需求對影像進行分析。」領導這項研究的麻省理工學院工程學教授趙選賀說。在他想見的未來中，病患可以購買貼片，監控內臟或腫瘤進程，以及胎兒在子宮裡的發育狀況。（高英哲譯）

「心臟病晶片」展望新療法

它可以用來觀察心臟組織在心臟病期間的即時變化。

有了這種名為「心臟病晶片」（heart attack on a chip）的新式醫用裝置，將來發生心臟病但逃過死劫的患者，也許有望獲得更有效的治療。

心臟病晶片是由美國南加州大學的科學家所設計，其底座是個由聚二甲基矽氧烷（類似橡膠的聚合物）製成、兩公分平方的微流裝置，兩側各有一個通道可供氣體流過，其上方是個由同樣

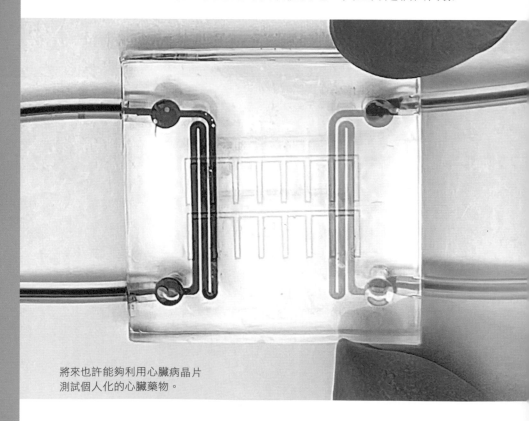

將來也許能夠利用心臟病晶片
測試個人化的心臟藥物。

的聚合物材質製成、可供氧氣通過的透氣薄層。透氣薄層上方則是生長在蛋白質骨架上的小鼠心臟細胞，使用這些骨架是為了模擬心臟組織的結構。

當有脂肪、膽固醇或其他物質堵塞在冠狀動脈中，使心臟某部分的充氧血流量大幅降低時，就會引發心臟病，而研究團隊可以讓裝置兩側通道的氣體含有氧氣或者不含氧氣，來模擬心臟病發作時的氧氣濃度梯度。

「我們的裝置相當於在簡便的系統中複製了心臟病的一些關鍵特性。」研發這個裝置的生物醫學工程、幹細胞生物學與再生醫學助理教授梅根·麥肯（Megan McCain）說，「這有助於我們更加了解心臟病發作之後的心臟變化，接下來可以藉此研發並測試能夠更有效抑制心臟病發之後心臟組織劣化的藥物。」

當心臟病發的患者甦醒之後，他們的心臟細胞無法像其他的肌肉細胞一樣再生，此外心臟組織也可能結疤，導致心臟的血液輸出量降低。目前研究團隊還不清楚為什麼會發生這些情況。這項生物醫學裝置將能夠讓研究團隊即時觀察這些變化，在實驗室裡就能研究心臟的節律和收縮強度。

麥肯說，「預見我們的裝置將能夠在不遠的未來對患者有正面影響，尤其是占比極高的心臟病患者，真的令人感到興奮又值得。」（賴毓貞譯）

從數字看心臟病

台灣約有 **150 萬人**患有心臟病。

台灣**每 26 分鐘**就有一人死於心血管疾病。

台灣**每年約增加 3 到 5 萬**名中風患者

以 AI 研發對抗病毒的萬用疫苗

這項技術可用來製造對抗新冠肺炎、瘧疾等病症的萬用疫苗。

根據 WHO 所說，目前預防接種每年可防止 400 萬到 500 萬人死亡，然而採用更有效的疫苗，可再避免 150 萬人死亡。

疫苗的原理是訓練免疫系統對特定病原體（如病毒、寄生蟲或細菌）的感染做出反應。每種疫苗的核心都是抗原，也就是基於部分病原體的安全小分子，它會誘發防護的免疫反應。然而，大部分的疫苗抗原都基於單一的病原體成分，例如引起新冠肺炎（COVID）之冠狀病毒的棘蛋白，這就限制了疫苗對付新變種的效力。

現在，英國牛津的生技新創公司 Baseimmune 開發出一種基於演算法的系統，能夠製造包含病原體各部分的抗原。此技術可以協助研究人員研發下一代的萬用疫苗，對抗有可能在幾種重大疾病中演化出的未來變種。

「現有疫苗的主要問題在於沒有考慮到病原體與人類免疫系統間發生的演化軍備競賽，也無法對抗未來的變種或新的突變。」共同創辦人兼軟體工程師菲利普・凱姆洛（Phillip Kemlo）說，「我們的預測演算法能解決所有這些難題，加速製造出效力盡可能高，未來不管出現什麼變種也都能抵禦的疫苗。」

Baseimmune 的疫苗設計演算法利用基因體、流行病學、免疫學、臨床及演化上的數據，來繪製出抗原藍圖，不管是特定病原體目前的形態還是未來可能出現的變體，這些抗原都要能夠誘發

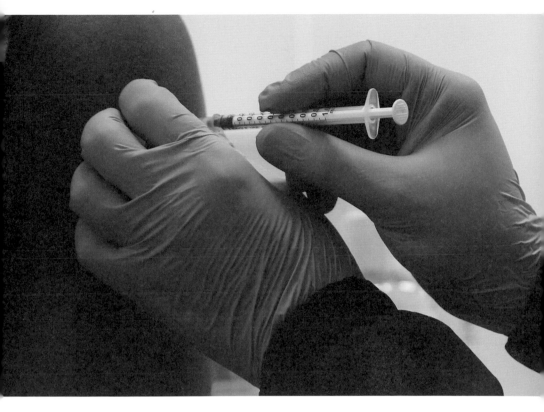

出免疫反應。

　　早在 2020 年 1 月，Baseimmune 團隊就把少量的新冠病毒當下數據輸入到他們的演算法，正確預測出 Alpha 和 Delta 等主要變種，而這些變種病毒要到一年後才會出現。

　　團隊最近獲得了新一筆的資金，打算用這筆錢研發不會失效的萬用疫苗，以抵抗包括新冠肺炎和瘧疾在內的幾種重大疾病。共同創辦人亞莉安・戈梅茲（Ariane Gomes）說，「我在巴西長大，親眼目睹過傳染病的嚴重影響，但這些疾病其實是疫苗可預防的。新冠肺炎全球疫情提醒我們，傳染病不會消失，所以急需研發下一代的疫苗以保護所有的人。」（畢馨云譯）

新式篩檢能夠早期發現 14 種癌症

檢測血液和尿液中會受癌化細胞新陳代謝影響的醣類分子，這有望提高癌症患者存活率。

醫師若想要提升癌症患者的存活率，最有效的方法之一是早期發現，事實上卻不容易辦到，因為目前許多篩檢方式都只針對特定的癌症類型，導致患者必須針對自己有高風險的癌症一一篩檢，來確認是否罹患該種癌症。

目前有多項研究計畫正在研發能夠早期偵測多種癌症（MCED）的檢測方法，然而其中大多著重在篩檢腫瘤洩出的DNA，對於早期偵測癌化細胞能力有限。

如今，瑞典查爾摩斯理工大學的研究團隊研發出一項簡單的MCED血液或尿液檢測法，並利用機器學習演算法，能夠準確偵測出 14 種第一期癌症。

第一期癌症是指病灶小且尚未擴散的癌症，這項檢測並非搜尋腫瘤的 DNA，而是檢視醣胺聚醣（舊稱黏多醣，是一大類長鏈多醣的總稱，參與各式各樣的生物作用）上是否出現已知是由癌化細胞造成的特定變化，由於癌化細胞的新陳代謝與正常細胞不同，連帶使與其相關的醣胺聚醣也會出現變化。

在一個納入逾 1,250 名參與者（包括健康和曾確診癌症的受試者）的人體試驗中，研究團隊發現這項檢測可以偵測多種癌症，包括腎癌和腦癌。在偵測無症狀患者體內的第一期癌症時，敏感度也比偵測 DNA 的 MCED 檢測法高一倍。

「這項試驗給了我們希望，也許有一天能夠建立可以早期偵

新式篩檢可以檢測目前沒有
被篩檢的多種癌症。

測所有癌症類型的篩檢程式。」身為查爾摩斯理工大學客座研究
人員,也是人體試驗論文作者的法蘭契斯科‧加托(Francesco
Gatto)說,「這項創新的檢測法能夠揪出目前無法篩檢以及針
對 DNA 的 MCED 檢測法無法找出的腦瘤和腎癌等癌症。而且
這種方法相對簡易,表示費用也相對低廉,將有更多人能夠使
用。」(賴毓貞譯)

以 AI 分析 X 光片
來預測心臟病風險

可以找出置身於風險中，
但目前並未服用預防性藥物的病人。

在英國，心臟病是奪走最多人命的殺手之一。根據英國心臟基金會的資料，目前英國每年有 16 萬人因心血管疾病而喪生。

高風險病人必須服用史塔汀類（statins）藥物，這類藥物可以降低血液中的膽固醇濃度並保護動脈內壁。但我們並未總能及早發現心臟病的徵兆，也就是說，有許多可因為服用藥物而受益的病人並未服藥。

如今，美國波士頓麻州總醫院的研究人員已開發出一種深度學習的 AI 模型，藉由分析單一張胸腔 X 光片，就能可靠地預測病人在未來 10 年裡死於心臟病或中風的風險。

研究團隊利用國家癌症研究所對超過五萬名參與者進行前列腺癌、肺癌及卵巢癌篩檢試驗時所拍攝的 15 萬張胸腔 X 光片來訓練這個名為 CXR-CVD 風險的 AI 模型，再以超過 1.1 萬名病人的資料測試模型。

這些病人的平均年齡為 60 歲，是可能需要接受史塔汀類藥物治療，且曾經接受常規門診胸腔 X 光檢查的病人。研究人員發現，將近一成的病人在接受 X 光檢查後的 10 年內，曾經發生心臟病或中風等重大的心臟事件，而 CXR-CVD 風險模型成功預測了其中的 65%。

「我們早已知道 X 光可以截獲傳統診斷結果之外的訊息，但

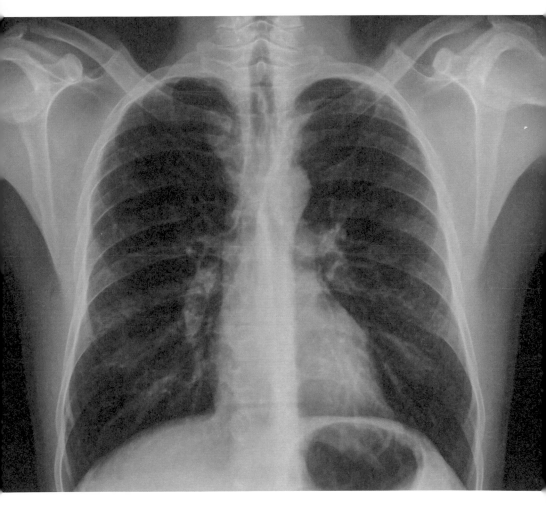

因為缺乏強大且可靠的方法，所以一直沒有使用這項資料。現在，AI 的進步使這一切成為可能。」麻州總醫院的傑考布·威斯博士（Jakob Weiss）說道，「這個方法的美妙之處在於只需要一張 X 光片，而全世界每天都會產生數百萬張 X 光片。」（陸維濃譯）

每週運動 10 分鐘
就能更長壽

關於健康手環的紀錄研究顯示，每週只要進行
幾次高強度活動，就能降低心血管疾病和癌症的風險。

這年頭人人都忙翻了，大家都越來越難擠出時間認真健身。但澳洲雪梨大學的研究發現，每週只要花短短 10 分鐘從事劇烈運動，就能明顯提升健康。

這份研究透過英國生物樣本庫，分析了七萬多名 40 到 69 歲民眾的資料（他們都沒有癌症或心血管疾病）。研究人員讓每位受試者戴上健康手環，測量連續七天的活動量。接下來，研究人員追蹤他們的健康紀錄長達約七年，尋找劇烈運動與死亡之間的關聯；前者牽涉到運動量和頻率，後者包括癌症、心血管疾病等各種死因。

研究團隊發現，劇烈運動量越大且頻率越高，就越能為身體健康帶來好處。就連只是少量的運動，都可以明顯提升健康。研究也發現，就五年內死亡的機率而言，完全沒有從事劇烈運動的人是 4%，每週運動 10 分鐘的人是 2%，每週運動一小時以上的人是 1%，彼此之間是倍數關係。

「這些結果顯示，在一週內累積多次的短時間劇烈運動，可以讓人活得更久。」這份研究的作者、雪梨大學教授馬修・阿瑪迪（Matthew Ahmadi）表示，「有鑒於大多數人都是因為沒有時間而缺乏規律運動，每天從事零星的少量運動，對於忙碌的族群而言可能是更有吸引力的選擇。」（王立柔譯）

從晨練開始燃燒脂肪

身上多了些亟欲甩掉的頑固體重嗎？試試晨間運動吧！

瑞典卡羅琳學院和丹麥哥本哈根大學的研究人員以小鼠為實驗對象，發現相較於晚上運動，早上運動有助於燃燒更多脂肪。

在我們體內發生的生物過程，有許多會隨著晝夜節律（circadian rhythm）而變化；晝夜節律是一種 24 小時的週期，是體內時鐘的一部分。為了測試身體燃燒脂肪的能力會因此受到什麼影響，研究團隊讓分組小鼠各在一天中的兩個時間點之一接受高強度的運動（一組早上運動，一組早上休息），就像人類在上午或晚上運動。

研究團隊發現，在一天之中較早時間運動的小鼠，體內跟分解脂肪有關的基因表現量和新陳代謝率都有所提升。這表示晨間運動不只讓小鼠燃燒身體脂肪，還可以在一天之中持續燃燒更多卡路里。

「研究結果指出，就提升新陳代謝率和燃燒脂肪而言，早上運動比晚上運動來得更有效率。」卡羅琳學院的朱琳・齊拉斯教授（Juleen Zierath）說道。

由於小鼠和人類有許多共同的生理特徵，早上運動的效用可能見於人類身上。然而，小鼠和人類之間仍有幾處關鍵的差異，比如說，小鼠其實是夜行性動物。齊拉斯表示，「正確的時間點對身體的能量平衡以及改善運動帶來的健康效益而言似乎很重要，但我們需要進行更多研究，才能針對此發現與人類的相關性做出可信的結論。」（陸維濃譯）

均衡飲食與遠離新聞
有助於度過疫情

研究發現，這些方法的保護效果
高於與朋友互動或從事興趣。

西班牙的一項研究發現，健康的飲食和遠離新聞可能是疫情期間避免陷入焦慮和憂鬱的最佳方法。

新冠肺炎疫情期間，許多人感到焦慮和憂鬱。依據英國國家統計局指出，疫情達到最高峰時，英國大約有 20％成人有憂鬱症狀，疫情前則是 10％。

採取健康飲食或許有
助於在新冠肺炎疫情
期間避免焦慮和憂鬱。

為了進行這項研究，研究人員在新冠肺炎疫情期間讓近 1,000 名西班牙受試者指出自己的焦慮和憂鬱程度，以及自己採取的克服行為，為期一年。這個研究團隊在奧地利舉行的第 35 屆歐洲神經精神藥理學院年會上發表他們的發現時，指出均衡飲食和少看新冠肺炎相關新聞與更好地克服疫情效果有關。規律運動、走出戶外和放鬆也有幫助。

然而，以往普遍認為有幫助的某些行為，例如與親友聊天或從事有興趣的活動，其效果卻差了許多。「這有點令人意外。我們和許多人一樣，以為人際互動比較能在高壓時期避免焦慮和憂鬱。」這項研究的主持人，皮伊桑耶爾生物醫學研究所的約阿金·拉杜亞博士（Joaquim Radua）說，「行為和症候群之間的關係很難梳理，因為我們觀察的是隨時間改變的狀況，而不只是單一時刻的分析。」

這項研究還沒有經過完整的同儕審查，但可提供極具價值的看法，讓人了解如何克服高壓狀況。拉杜亞表示，「我們的研究以新冠肺炎為著眼點，但現在需要研究這些因素是否也適用於其他高壓狀況。這些簡單的行為或許能預防焦慮和憂鬱，而且預防勝於治療。」（甘錫安譯）

FIND OUT MORE

維生素 B6 或許有助於緩解焦慮及憂鬱

英國雷丁大學的團隊指出，「情緒障礙症和其他神經精神症狀都跟大腦神經元的平衡失調有關，其狀況往往是大腦活動變得更加活躍。但維生素 B6 可幫助人體產生特定的化學傳訊物質，進而抑制腦內的神經脈衝並產生鎮靜效果。」

研究人員解釋，「但相較於真正的治療藥物，維生素 B6 對於焦慮的緩解作用並不大。不過這種以營養物為基礎的介入方案帶來的副作用更少。我們還需要找出其他有益心理健康的營養物介入方案，將來結合不同的飲食，取得更佳的療效。」

大腸激躁症可能是
身體無法克服重力的結果

重力不斷往下拉，導致患者腹痛痙攣。

大腸激躁症（IBS）自一百多年前首度為人所述以來，其成因始終是個謎。

如今美國洛杉磯雪松西奈醫學中心的布瑞南・史匹格教授（Brennan Spiegel）在《美國胃腸學期刊》發表理論指出，大腸激躁症可能是身體無法克服重力所造成的。

大約有 10% 的人患有大腸激躁症。患者會感到腹痛痙攣、腹脹、腹瀉、便祕，每次發作可能會持續數週或數月。大腸激躁症目前無藥可治，不過某些用藥或改變飲食，有助於緩解症狀。

關於大腸激躁症的成因，有幾種比較傳統的理論，像是腸道菌群異常，腸道與大腦溝通不良，或是胃腸道內部肌肉運動出問題等。史匹格的重力論假設，為其成因提出了新意。

「生命從最初出現的生物到智人，重力都在無情地形塑地球上的萬事萬物。」史匹格解釋，「我們的身體系統不斷地被重力往下拉，倘若這些系統無法應付重力的拖拉，就會導致疼痛、痙攣、頭重腳輕、出汗、心跳加速、背部疾病等這些大腸激躁症的症狀。重力甚至會造成腸道內的細菌過度增生，這也與大腸激躁症有關。」

據史匹格表示，重力會導致內臟從它們該在的位置往下位移。有些人由於脊椎問題之類的狀況，比較無法應付這種下拉，導致橫膈膜下垂或是腹脹凸起。這類問題有可能會觸發胃腸道肌肉運動的併發症，甚至導致腸道內的細菌增生。這也可以解釋為

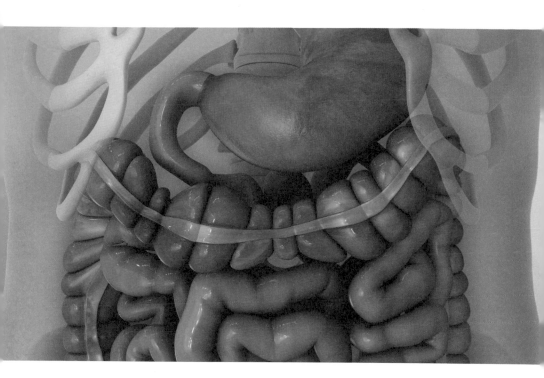

什麼能夠增強身體支撐結構的物理治療與復健，往往有助於緩解大腸激躁症的症狀。

「身體經過演化，用一套支撐結構把負重吊了起來。倘若這些系統失效，大腸激躁症的症狀就會伴隨著肌肉骨骼問題出現。」史匹格解釋道。

雪松西奈醫學中心的研究人員如今打算進一步鑽研這個理論，以尋求研發潛在療法。「這個假設相當大膽，不過最棒的是它可以被檢驗。」雪松西奈醫學中心胃腸科醫師盧雪莉教授（Shelly Lu，音譯）說，「倘若驗證為真，我們對於大腸激躁症的思考方向，以及可能出現的療法，就會出現重大的典範轉移。」（高英哲譯）

人工甜味劑可殺死耐抗生素細菌

這項發現可在對抗超級病菌的戰役中派上用場。

英國倫敦布魯內爾大學的一項研究發現,在減重飲料、優格和甜點中常見的三種人工甜味劑可以大幅地阻止具備多重抗藥性的細菌生長。

糖精(saccharin)、糖蜜素(cyclamate),以及醋磺內酯鉀(acesulfame-K)這三種甜味劑能夠抑制鮑氏不動桿菌(*Acinetobacter baumannii*)及綠膿桿菌(*Pseudomonas aeruginosa*)的生長。這兩種會引起肺炎和敗血症的細菌皆名列在世界衛生組

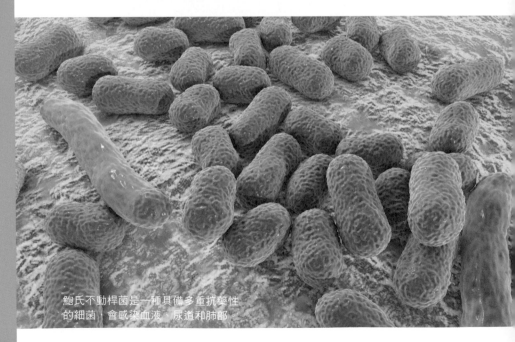

鮑氏不動桿菌是一種具備多重抗藥性的細菌,會感染血液、尿道和肺部

織（WHO）發布的「重點病原體」名單上，這些病原體都亟需新型的抗生素療法，因為它們對免疫系統受損的患者會造成致命威脅。就預防細菌產生菌膜（biofilm）以抵抗抗生素而言，研究團隊發現醋磺內酯鉀尤其有效。與抗生素一起使用時，這三種甜味劑皆能降低細菌的抗藥性，意即使用較低劑量的抗生素就能進行有效治療。

「各種減重食品及不含糖的飲食中都存在著人工甜味劑。」負責領導這項研究的倫敦布魯內爾大學生物科學家羅南・麥卡錫博士（Ronan McCarthy）說明，「我們發現在咖啡或『零糖』汽水中加入的甜味劑能夠殺死非常危險的細菌，這使得治療相關感染變得容易一些。這發現令人興奮，因為通常要花數十億美元和數十年的時間才有辦法開發出一種新型抗生素，而我們卻發現一種除了對抗病原菌之外，還能反轉病原菌既有抗藥性的化合物。」

抗藥性源於細菌在面對抗生素時所具備的適應能力，這是自然發生的，但在人類身上過度使用藥物，以及在動物身上濫用藥物的行為，正在加速細菌產生抗藥性的過程。這樣的狀況被視為是目前對全球衛生和食物安全而言最大的威脅之一。「這造成了一種危險的情況，所謂的『後抗生素時代』正逐漸成為事實。」麥卡錫說，「醫療保健體系的各個方面，從癌症治療到牙齒保健都蒙受威脅。」

如今，研究人員正打算進一步的試驗，且樂觀地認為這三種甜味劑都有可能為感染多重抗藥性細菌的病人提供新的治療方法。（陸維濃譯）

甜味劑　阿斯巴甜、醋磺內酯鉀和糖精等人工甜味劑是用來取代糖，為甜點、即時餐食物及無酒精飲料等飲食增添甜味的化合物。它們能提供甜味是因為其分子形狀和糖足夠相似，可與分布在舌頭上的甜味受器結合。雖然有些甜味劑含有熱量，但只需很少的量就能提供甜味，因此對總熱量的貢獻可忽略不計。

大腦損傷解釋失智症患者為何感到困惑

失智症患者大腦中用來辨識新資訊的高度演化區域被發現有受損的情況。

失智症患者遇到預料之外的事情時，往往會無法應變而陷入困惑，根據英國牛津大學與劍橋大學的研究，其原因可能出在患者腦部的某個網路。研究人員表示，這項發現或許能讓失智症患者與親友更懂得如何應對可能產生負面感受的情況。

研究團隊使用腦磁波儀（MEG）掃描健康受試者與失智症患者的大腦，每秒可拍攝一千張腦部影像。接著，為受試者播放一段聲音，其中的音高或節奏會有所變化，以此模擬現實生活中的意外事件，像是聊天話題突然改變、房間家具位置變換等，然後監測受試者的腦部反應。

健康的大腦中會有兩個階段的反應。第一個反應與聽覺系統「注意到聲音」有關，第二個反應則與腦部另一個區域辨識出聲音的「變化」有關。但研究人員發現，失智症患者的大腦在第二階段反應比較微弱。大腦並沒有告訴他們發生了變化，或是該怎麼應對，這可能就是失智者患者面對意外事件時無法反應過來的原因。

「阿茲海默症患者若是在家裡，周圍都是熟悉的事物時，其實不會有什麼問題。」研究報告作者之一的劍橋大學湯瑪斯・柯普博士（ThomasE Cope）表示，「他們大致都還應付得來。不過，如果哪天出現一點小變化，比方說茶壺壞了，當他們需要做出不同的應變時，就會反應不過來，想不出該怎麼辦。」

失智症患者感受到的困惑可能是因為腦部特定區域受損。

　　研究團隊運用腦磁波儀結合 MRI 掃描影像，發現第二階段反應是發生在腦部某個稱為多重需求網路（multiple demand network）的區域，這個區域關係到注意力、解決問題的能力和工作記憶（working memory）。

　　柯普解釋，「在失智症候群患者的大腦中，多重需求網路至少有一部分受損或萎縮，而我們知道這些患者也都有應變能力減退的現象。」目前還沒有修復或替換多重需求網路的治療方法，不過柯普表示，這項發現可以讓患者更了解自己怎麼了，並協助他們更輕鬆地應對變化。（黃于薇譯）

修復受傷的心

幫心臟貼 OK 繃。

英國心臟基金會（BHF）在 2022 年提供了約合新臺幣上億元的贊助資金給八項尖端計畫，這些美麗影像就是其中一部分成果。贊助資金是於印度塔塔諮詢服務公司（TCS）冠名贊助的 2022 年英國 TCS 倫敦馬拉松中募集。

「BHF 贊助的研究提供最先進的療法，讓心臟衰竭患者擁有更長且更健康的壽命，遺憾的是，目前還沒找到治癒良方。不過再生醫學為我們帶來希望。」BHF 副醫療主任梅汀·艾夫基蘭教授（Metin Avkiran）說，「今年募得的資金，將可以使這些研究團隊突破醫療極限，找出讓心臟能夠自我修復的方法。一旦了解箇中祕密，將有助於心臟修復領域的發展，並進一步將成果運用在因心臟衰竭而飽受折磨的患者身上。」（賴毓貞譯）

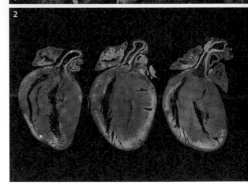

1~2 英國倫敦國王學院的研究團隊為了證實他們研發的微型 RNA 技術具有強化心肌組織的效果，打造出這些會發出螢光的小鼠心臟。微型 RNA 是能夠調控特定基因表現的小分子，在第二張圖中，靠右邊的兩顆心臟注射了可刺激心臟細胞生長的微型 RNA，因此發育出強壯許多的肌肉組織，圖中可以看到有比較厚的肌肉層，顏

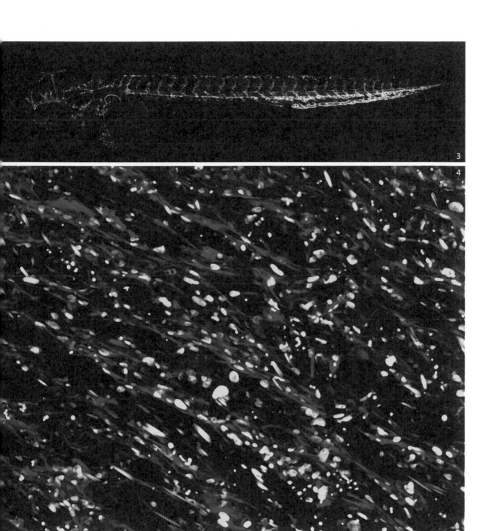

色分布也不相同。第一張圖中的紅色圓點是複製中的細胞，越多心肌細胞，心肌就越有力。

3　由英國愛丁堡大學研究團隊所拍攝的這幅影像是一隻兩天大的斑馬魚，研究人員在魚體內注射了不同顏色的蛋白質，以凸顯其複雜的靜脈、動脈與淋巴管。靜脈呈亮綠色，淋巴管和動脈是紅色。這項計畫的最終目的是研發新方法來控制人類心臟中的血管生長。

4　這張特寫照片裡的可能是有史以來技術最先進的 OK 繃，它是由英國劍橋大學的研究團隊利用幹細胞培養而成，可以看到一整片紅色的心臟細胞，其間散布著白色的細胞核。也許將來有一天可以看到它就像 OK 繃一樣被貼在受損的心臟上，幫助心臟自我修復。

讓偵測抓癢頻率的感應器
告訴你溼疹有多嚴重

這種新裝置也許有助於研發與皮膚癢相關的藥物和療法。

異位性皮膚炎是最常見的溼疹類型，也是常見的皮膚病。這些患者晚上常因為抓癢而睡不好，平均每個星期會損失整整一晚的睡眠時間。

　　然而「癢」是一種難以量化的症狀，因此很難追蹤所使用的藥物或療法的效果。如今美國西北大學研究團隊研發出一種軟式皮膚貼片，可以記錄使用者抓癢的頻率。

　　這種貼片裡有一個軟式感應器，使用時將感應器貼著患者的手背與手腕，並接上專門設計用於辨識抓癢動作的機器學習演算法，因此不會被揮手等類似抓癢的動作所迷惑。這是第一款能夠準確偵測所有抓癢動作類型的感應器，無論是來自手指、手腕或手肘的抓癢動作。

　　「異位性皮膚炎絕不是只有皮膚癢這麼簡單，這種疾病的影響層面相當廣泛，全球有許多人深受其害。重度異位性皮膚炎患者的生活品質與許多致命性疾病一樣低。」研究論文第一作者，也是美國西北大學芬堡醫學院皮膚科與小兒科教授的徐帥博士（Shuai 'Steve' Xu，音譯）說，「異位性皮膚炎患者自述因皮膚癢而有自殺念頭的比率，比對照組高 44％。因此，能夠將症狀量化對於新藥認證，以及患者的日常生活相當有幫助。從某方面來看，對異位性皮膚炎患者而言，監測皮膚癢的發生率就像糖尿病要測血糖一樣重要。」

　　這項研究分為兩個部分。第一部分是訓練這款穿戴式感應器

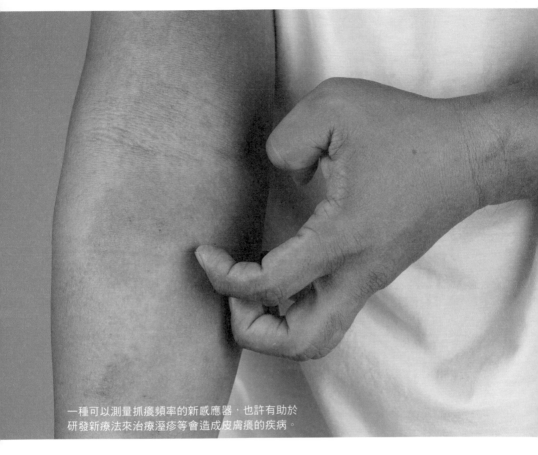

一種可以測量抓癢頻率的新感應器,也許有助於
研發新療法來治療溼疹等會造成皮膚癢的疾病。

辨識抓癢動作,學習對象是健康成人刻意做出的抓癢行為。第二
部分則是在罹患異位性皮膚炎的兒童身上測試感應器,取得超過
300 小時的睡眠資料。

「這對於患有異位性皮膚炎或溼疹的兒童和成人來說相當振
奮人心,因為將會掀起一股研發新療法的熱潮。」西北大學皮膚
科主任艾米・佩勒博士(Amy Paller)說,「判定溼疹藥物的療
效時,沒有比『癢』更重要的症狀了,因為它可以定義溼疹的嚴
重度,同時也是對生活品質影響最大的因子。這個感應器有望在
這方面扮演關鍵角色,尤其對孩童而言。」(賴毓貞譯)

CHAPTER 2
生命科學

魔幻蘑菇

樹林裡的螢光小精靈。

這一朵朵閃爍著詭異綠色螢光的菇類學名為 *Omphalotus nidiformis*，也是俗稱的「鬼魅蘑菇」（ghost mushroom）。

這種蘑菇生長在澳洲，常見於已死或將死樹木上，狀如漏斗，外有覃褶。白天時，鬼魅蘑菇多呈現奶油色，其中參雜棕黑色調；等到夜幕降臨，由於它們具有生物發光（bioluminescence）特性，將展現全然不同的色調。

在黑暗中，鬼魅蘑菇會發出翠綠幽光，雖然肉眼可見，但用相機捕捉更為清楚。

徐凱莉（Callie Chee，音譯）在納塔依國家公園拍攝了這張照片，除了呈現相機鏡頭下的鬼魅蘑菇形貌，還奪下 2022 年大自然保育協會（Nature Conservancy）攝影比賽中植物與真菌類的冠軍。（吳侑達譯）

也許蜘蛛會做夢

蜘蛛會不會夢見自己捉到蒼蠅？

德國康斯坦茨大學的丹妮耶拉・羅斯勒博士（Daniela C Rößler）發現蠅虎會經歷不同的睡眠階段，包括類似快速動眼期的階段，這在節肢動物身上是未曾觀察到的現象。根據研究，我們知道最生動的夢都發生在睡眠的快速動眼期（REM），而這些新發現提高了蜘蛛有視覺夢的可能性。

大多數的蜘蛛有兩只主要的眼睛，可以看見物體的細節和顏色，另外還有六只較小的眼睛。

全世界有超過 6,400 種的蠅虎，牠們的視力是出了名的好。一部分是因為在牠們的主要眼睛後方有可移動的視網膜管，讓牠們能夠調整注視的方向。

未成年的蠅虎體色透明，研究人員因此可以直接研究牠們睡覺時的視網膜運動。透過紅外線攝影機，團隊觀察 34 隻甫孵化的弓拱獵蛛（*Evarcha arcuata*），以瞭解牠們的夜間休息行為。這些幼蛛整晚不動，藉著一根絲線頭下腳上地懸掛著，並且腳往內屈縮。

研究人員觀察到幼蛛的視網膜有週期性的運動，並產生肢體抽動和縮腳的行為，緊接著是一連串清理身體的動作，表示在經歷類似快速動眼期的階段後，這些幼蛛曾短暫醒來。

研究人員發現，幼蛛每一次的視網膜運動是一致的，包括規律的持續時間和間隔，兩者的時間隨著入夜越深而增加。這與在其他物種身上發現的類快速動眼期睡眠行為相同。

科學家相當確信，儘管不同物種的睡眠行為看起來不同，但所有動物都會睡覺。而最有共識的一點是：快速動眼期睡眠對於

蠅虎在眨眼 40 次（或者該
說 160 次？）時展現出快速
動眼期睡眠階段的跡象。

鞏固記憶和鍛鍊重要生存技能來說，有潛在的重要性。

「有鑑於我們已經掌握一些初步證據說明一種陸生無脊椎動
物可能存在類似快速動眼期睡眠的現象，科學界因此開啟了大量
的新研究。其他節肢動物或昆蟲身上是否也存在這種現象？眼睛
不能移動未必意味著不存在類似快速動眼期的睡眠行為。」羅斯
勒說，「我們發現了一個可用於研究睡眠期類快速動眼期階段的
系統。相較於在實驗室的狀態，這些動物在自然環境中睡覺的時
間多長，以及睡得『好不好』可能是另一回事，這可能也和類快
速動眼期睡眠階段的功能有關。」（陸維濃譯）

墨魚有自制能力

在史丹佛棉花糖實驗的改編版中，
這些學習快速的頭足類動物證明了自己的智力。

根據一項新的研究顯示，墨魚不只有三顆心臟、360 度的視野，還有很強的自制能力。

在美國麻薩諸塞州海洋生物實驗室進行的一項研究指出，在立刻生吃白蝦，和稍微等待一會兒就能吃草蝦（牠們比較喜歡的食物）這兩個選項中，海洋軟體動物選擇了後者。事實上，接受實驗的六隻墨魚全都能夠容忍餵食時間延遲 15 秒，有些甚至能等上 130 秒。這樣的研究結果說明，頭足類動物跟腦部較大的脊椎動物（如黑猩猩）一樣，有延宕滿足（delay gratification）的能力。

吃最喜歡的食物前可以等待最久的墨魚，在認知測驗的表現也比較好，學習過程中能較快建立起視覺提示和食物獎勵之間的連結。

這項實驗聽起來很熟悉？因為這是根據著名的史丹佛棉花糖實驗所改編的版本。棉花糖實驗讓孩童選擇立刻得到獎勵（一顆棉花糖），或是稍微等待就能得到更好的獎勵（兩顆棉花糖）。然而，跟人類受試者解釋試驗規則還算簡單，跟墨魚溝通起來就複雜多了。

首先得把墨魚放到一個分成兩個空間的水族箱裡，在這兩個空間製作三種記號，分別代表立刻滿足、延宕滿足和「得不到」。為了幫助牠們學習這樣的概念，每個空間裡都放著相同的食物。不一會兒，墨魚似乎瞭解每一個空間有不同規則，因此研究人員可以在實驗中使用不同的處理方式。

　「大部分時間，墨魚都在偽裝自己，靜靜地等待，中間穿插短暫的覓食時間。」率領這項研究的亞歷珊卓‧施奈爾博士（Alexandra Schnell）說，「覓食的時候，牠們會破除自己的偽裝，等於暴露在海洋中每一種捕食者的眼皮底下。我們推測，延宕滿足的能力可能是這種狀況的演化副產品，讓墨魚可以透過等待，選擇品質更好的食物，提升覓食的效率。」

　就腦部和身體的比例而言，在所有無脊椎動物中，墨魚的腦部最大。而且，頭足類動物可以在一秒內改變自己的外觀，藉此融入周遭環境。（陸維濃譯）

電鰻也會組隊狩獵

魚兒也懂團結力量大的道理。

美國史密森尼國家自然史博物館的科學家，在亞馬遜河監測野生生物時，發現最多可以有 10 隻以內的電鰻成群結隊在攻擊燈魚。牠們將燈魚驅趕成緊密的一團之後，大家同時放出高壓電。主持這項新研究的大衛‧德山塔納博士（David de Santana）說，「以前從沒見過類似記載，團隊狩獵在哺乳動物

這是首次記錄到電鰻會群體狩獵。

很常見，但對魚而言相當罕見。目前只知還有其他九種魚有這類行為，因此這項發現真的很特別。」

電鰻（其實牠在分類上與絕大部分的鰻魚不同目）最高能夠發出 860 伏特的電，這是因為牠們具有由發電細胞（electrocyte）組成的特化器官，這些細胞每顆只有不到 100 毫伏特的電力，但串聯在一起就成了生物電池。德山塔納說，「如果有 10 隻電鰻同時放電，理論上最高可以產生 8,600 伏特的電力，大約相當於 100 顆燈泡所需的電壓。」

以前大家認為電鰻只有一種，不過德山塔納和他的同事又找到另外兩種電鰻，也新找到其他 85 種會放電的魚。雖然是最近才發現的物種，但德山塔納依然擔憂森林砍伐和氣候變遷可能很快就會使這些電鰻受到威脅。「雖然沒有立即性的危險，但電鰻的棲地和生態系仍承受極大的壓力。」他解釋，「我們到底知道多少事情，還有多少生物的生活史是我們尚未了解的，從這篇論文中就能窺知一二。」（賴毓貞譯）

蝗蟲為什麼會成群出現？

DO YOU KNOW?

會摧毀大片面積作物的蝗群通常是看起來溫和的獨居昆蟲，不過在條件俱足時，就會轉為「群居」模式，變成社會性嚼食機器，以每平方公里多達 8,000 萬隻的蟲群橫掃大地。

這種群聚行為是由高降雨量觸發的。當地表上有許多青蔥的植被，供這些無翅若蟲大吃特吃時，其數量就會膨脹，使牠們無法再避開彼此。看到、聞到、觸碰到其他蝗蟲，會導致其大腦內的血清素暴漲，從而啟動控制其群居模式的基因，並關閉獨居基因，造成一場化身博士般的轉變。群居的若蟲會形成一大群，達到有翅的成年階段後，便飛入空中。任何獨居的蝗蟲一旦碰上牠們，很快就會加入其行列。

我們尚未完全明瞭蝗蟲為什麼會演化成群聚，不過一項在 2008 年所做研究指出，那是因為蟲群會消除個別一塊塊蟲群之間的縫隙，讓捕食者更難跟隨牠們並挑落單的下手。

毛毛蟹現身

不是毛蟹，是毛毛蟹。

這團毛茸茸的玩意兒並非《星際爭霸戰》（*Star Trek*）中的外星生物毛球（tribble），而是一種新品種的擬綿蟹（sponge crab）。

這種擬綿蟹是在某次遭海浪沖上西澳洲的沙灘後才被人們發現。科學家從達爾文乘坐的小獵犬號（HMS Beagle）汲取靈感，將新發現的擬綿蟹命名為「小獵犬擬綿蟹」（*Lamarckdromia beagle*）。牠們外表具有看似纏結蓬亂的剛毛，但這些「毛髮」實則為外骨骼的延伸，且有偽裝效果，可幫助牠們避開掠食者的威脅。其他擬綿蟹的剛毛尾端呈勾狀，方便牠們抓住海綿來隱身。至於小獵犬擬綿蟹則是直接將海綿頂在毛髮上方，宛如一頂帽子。如此一來，海洋中的掠食者經過牠們附近時，便會以為那不過是一塊移動中的海綿。

照片中的小獵犬擬綿蟹為雌性，仔細檢視的話，可以看到毛髮後方隱隱透出了兩顆細小如珠的眼睛。（吳侑達譯）

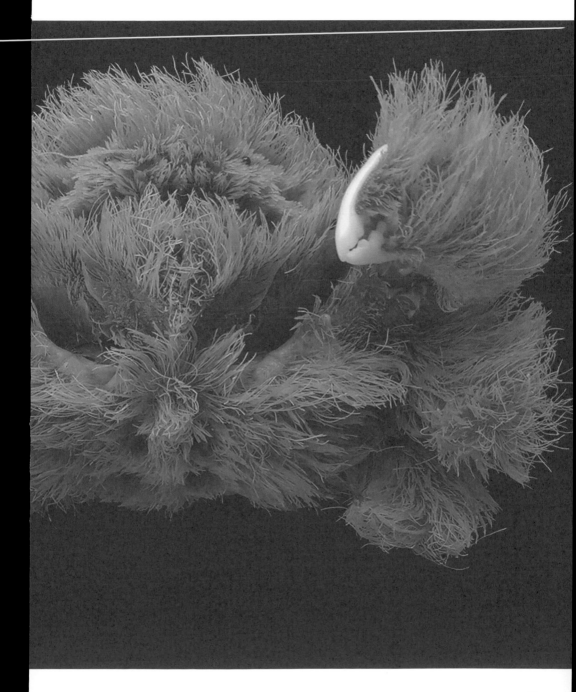

烏龜可以青春永駐？

**有些冷血動物能夠大幅減緩老化速度，
實質上等於不會變老。**

有一份在《科學》期刊上發表的研究是由美國賓州大學和東北伊利諾大學的 114 位跨國科學家共同進行，涉及了 77 種爬蟲類和兩棲類動物，研究團隊希望藉由牠們來進一步探討如何治療與老化相關的人類健康問題。

研究團隊發現有證據顯示烏龜、鱷魚和蠑螈的老化速度都極為緩慢，壽命也因此勝過同樣體型的其他動物。事實上，有些烏龜的老化速度實在太慢，因而被認定是「零衰老」（negligible ageing），意即牠們的身體不會隨著年齡變老。這並不是說烏龜永遠不會死，而是死亡機率跟年齡沒有關係。但人類隨著年齡增長，死亡的可能性就越高。

「零衰老的意思是指，假設一隻動物在 10 歲那年死去的機率是 1％，100 歲那年死去的機率仍然是 1％。」這項新研究的作者大衛・米勒教授（David Miller）說明，「反觀美國女性，10 歲那年死去的機率約為 0.04％，80 歲那年則是 4％。」

研究團隊也發現，比起沒有物理或化學保護機制的動物，天生就擁有堅硬的甲殼或脊椎、叮咬時能分泌毒液的動物老得較慢，也活得較久。由於這些特徵會影響動物的死亡機率，可能也會影響物種的進化方式。

「就我們研究的動物而言，擁有保護性適應、體型較大、發育成熟的時間較長，都是老化較慢的特徵。」米勒說，「這些特徵全都會影響死亡率，很可能也形塑了演化的歷程，篩選出某些能減緩老化的生理適應。」

研究發現有些爬蟲類幾乎不會變老。

　　雖然這些特徵能讓動物免遭掠食，卻無法永遠保護牠們不受氣候變遷和棲地流失等威脅。不過，長壽確實有助於忍耐和克服挑戰。舉例來說，這項研究顯示有種動物在逆境中生長得較慢：西海岸襪帶蛇（*Thamnophis elegans*）在食物供給不穩定時，能夠減緩自身的生長速度。米勒說，「這讓牠們可以熬過獵物減少的乾旱時期。」

　　瞭解動物如何演化出保護性特徵及其影響，可以讓我們更瞭解人類的老化，也有望開發出新療法和藥物來對付老化相關疾病。

　　「烏龜和其他老化緩慢的爬蟲類可以作為模型，讓我們從生理運作和遺傳方面更瞭解各種動物老化的深層原因。」米勒說，「我們研究的烏龜和一些長壽的爬蟲類擁有某些跟人類一樣的特徵。如同人類，牠們達到性成熟所需的時間很長，外部致死因素比大部分物種都少，而且牠們也很長壽。」（王立柔譯）

唱死亡金屬的蝙蝠

**蝙蝠和死亡金屬歌手一樣都會利用
喉頭中的特殊結構來發出低沉的喉吼音。**

　　項由丹麥大學進行的研究發現，重金屬歌手和蝙蝠的共通點並非只有喜歡黑暗以及傾向成群行動而已。兩者都會利用喉頭中的特殊結構來發出低沉、帶有回響，有如惡魔般的聲音。

　　眾所周知，利用回聲定位的蝙蝠具備相當寬廣的音域。牠們可以發出橫跨約七個八度的聲音，這實在是相當驚人，畢竟就連瑪麗亞・凱莉（Mariah Carey）也只能跨越五個八度。

為了研究蝙蝠究竟是如何達到這般發聲的壯舉，丹麥的研究團隊移除了五隻成年水鼠耳蝠（*Myotis daubentonii*）的喉頭，並把這些喉頭安裝在框架上讓氣流通過，旨在模仿蝙蝠自然發聲時的狀況，並以每秒可以拍攝 25 萬幀的高速攝影機進行拍攝，再利用機器學習模型重建蝙蝠鳴膜的運動情形。

　　研究人員發現蝙蝠利用喉頭內的特殊構造，也就是所謂的假聲帶（false vocal cord）以降低叫聲的頻率（牠們平常發聲時不會使用這個構造）。蝙蝠將假聲帶的位置往下降，使其能夠與正常的聲帶共振。假聲帶的額外重量大幅地降低了蝙蝠叫聲的音高，死亡金屬歌手正是利用這種技巧來發出著名的水喉吼腔。這種吼聲的頻率介於 1 至 5kHz，音高相當於標準鋼琴最高的兩個八度音。蝙蝠回聲定位時發出的聲音頻率可高達 120kHz。

　　蝙蝠通常在進出擁擠的棲息處時發出這種吼聲，目前並不清楚牠們發出這種聲音的目的。這篇研究的共同作者拉斯‧傑考布森（Lasse Jakobsen）表示，「這種聲音時而有威嚇的意思，有時也許只是蝙蝠在表達煩躁的心情，而有時也許具備相當不同的功能。這一點我們尚不清楚。」（陸維濃譯）

許多蝙蝠，包括英國所有的蝙蝠在內，在晚秋至春季期間都會冬眠。在這段時間裡，牠們的心率降低到每分鐘 20 下。蝙蝠飛行時的心率可達每分鐘 1,000 下。

1,400 種 全世界約有 1,400 種蝙蝠。除了極區和沙漠等氣候極端的地區，地球上幾乎各個角落都有牠們的蹤影。

根據現存紀錄，年紀最大的蝙蝠是一隻來自西伯利亞的布氏鼠耳蝠（Brandt's myotis bat）。牠在 2005 年被捕獲，戴著研究人員在 1964 年幫牠戴上的腳環，也就是說牠那時至少有 41 歲。

天才鸚鵡會用工具組來完成任務

目前尚不清楚這些有羽毛的小小勤務員究竟有多少能耐。

奧地利維也納獸醫大學的研究人員發現，戈芬氏鳳頭鸚鵡（*Cacatua goffiniana*）會隨身攜帶許多工具，供牠們完成複雜的任務。在過去，這樣的行為僅見於黑猩猩。

印尼塔寧巴爾群島（Tanimbar Islands）的戈芬氏鳳頭鸚鵡是隸屬於鸚鵡科的小型鳥類。過往的研究指出牠們相當聰明，除了會使用各式各樣不同的工具來採集食物之外，還懂得製造工具。為了測試牠們是否能夠組合使用不同的工具，研究團隊以剛果北部瓜魯格三角地帶（Goualougo Triangle）的黑猩猩會釣白蟻這件事為靈感替這些鸚鵡設計了任務。就目前所知，這些黑猩猩是人類以外唯一一會使用工具組的動物。

黑猩猩會用樹枝鈍端在白蟻丘上戳出孔洞，再將柔軟的長枝條伸進洞裡釣出白蟻，有鑑於此，研究人員為鳳頭鸚鵡設計的任務是：牠們得在紙膜上戳出個洞，取得紙膜後面的腰果。提供的工具有一根用來戳破紙膜的尖銳短枝條，以及一根縱剖一半，用來拿出堅果的吸管。

十隻鳳頭鸚鵡中有七隻完成這項任務，其中叫做費加洛（Figaro）和芬妮（Fini）的兩隻特別熟練，第一次嘗試時在 35 秒內就拿到了堅果。「透過這個實驗，我們可以說戈芬氏鳳頭鸚鵡就跟黑猩猩一樣，看似除了會使用工具組之外，也知道自己正在使用工具組。」領導研究的維也納獸醫大學演化生物學家安東尼奧・歐蘇納－馬斯卡胡（Antonio Osuna-Mascaró）這麼說，「牠

戈芬氏鳳頭鸚鵡利用吸管取得堅果。

們所展現的靈活行為相當驚人。」

　　接下來，為了測試鳳頭鸚鵡選擇適用工具的能力，研究人員準備了兩個箱子，其中一個有紙膜，另一個則無。「鳳頭鸚鵡必須根據問題採取行動，有時候需要使用工具組，有時只需要使用一項工具。」歐蘇納－馬斯卡胡說道，「在選擇要先使用哪種工具時，牠們會先拿起一項工具，然後放下，接著再拿起另一項工具，然後放下，依此類推。」

　　最後，研究團隊測試鳳頭鸚鵡攜帶工具組的能力。為此，他們讓鳳頭鸚鵡得先通過一段障礙路線才能抵達箱子。首先，鳳頭鸚鵡要帶著工具爬上一道短梯，然後帶著工具飛越一道溝壑，最後還得帶著工具往上飛。跟先前一樣，鳳頭鸚鵡並非每次都遇到有紙膜的箱子，所以牠們必須判斷解決問題時究竟只需要一種工具，或是兩種工具都得派上用場。

　　有些鳳頭鸚鵡學會同時攜帶兩種工具，遇到需要使用兩種工具的箱子時，牠們會把尖銳的短枝條插進剖半吸管的溝槽裡，其他鳳頭鸚鵡則是來回兩趟。費加洛再次證明自己是箇中翹楚，牠幾乎每次都帶上牠的工具組，根據每次的狀況選擇適用的工具。

（陸維濃譯）

腸道菌幫助貓熊
只吃竹子也能長得圓滾滾

在營養豐富的竹枝發芽時，這可以幫助牠們預先增加體重、儲存脂肪，以度過食物較缺乏營養的時節。

說到挑食，貓熊是專家。儘管體重超過 100 公斤，這種極富魅力、黑白相間的亞洲熊幾乎只吃竹子。但是，光吃營養價值這麼低的食物，牠們要如何維持圓潤的身材呢？

中國科學院動物研究所的研究人員有了答案：貓熊的腸道微生物相（microbiome）會隨著季節改變，在營養的竹枝發芽期間，牠們可以大吃特吃，以彌補只有竹葉可吃時體內所缺乏的營養。

「這是我們首次證實貓熊的腸道微生物相和牠們的表型（可觀察的特徵）之間有因果關係。」研究的第一作者黃光平說，「在竹枝發芽的季節，貓熊體內有不一樣的微生物相，很顯然地，這使得牠們在這段時間內體型更豐滿。」

會因應食物的變化而有季節性改變的腸道菌相並非是貓熊的專利。有些種類的猴子在夏冬兩季也會有不同的腸道菌相，夏季時牠們可以吃到鮮嫩的樹葉和果實，在冬季則只有樹皮可以吃。坦尚尼亞的哈扎人（Hadza）如今仍過著狩獵採集生活，他們的腸道菌相也會因應一年當中所吃的食物不同而變化。

研究團隊是在研究中國中部秦嶺山脈的一群野生貓熊時，得到了這個發現。一年中的大部分時間裡，牠們吃著缺乏營養的竹葉。但在春末夏初，牠們可以大啖富含蛋白質的竹枝，在這段時間內，貓熊腸道內的酪酸梭菌（*Clostridium butyricum*）濃度明顯較高。

　　為了研究腸道菌相改變帶來的影響，研究團隊將兩種不同季節的野生貓熊糞便及腸道菌相移植到小鼠體內，接著再餵食小鼠三週以竹子為基礎的食物。結果發現，儘管兩組小鼠攝入的食物量相當，但移植了夏季貓熊糞便的小鼠體重明顯增加，脂肪也變多了。（陸維濃譯）

竹子為什麼生長得那麼快？

竹子是地球上生長最迅速的植物，孟宗竹幾乎一天就可以生長一公尺。它們生長於光線很少抵達地面的濃密森林中，因此受到很強烈的演化壓力，必須要盡快觸及陽光。竹子的幼枝經由地下根莖與母株相連，意味著幼枝直到生長到最高之前，都不需要有自己的葉子。竹子也會以固定的直徑生長，跟木本植物不同，不用浪費能量在讓莖變厚的年輪上。

長頸鹿的脖子
是為了打鬥而演化的嗎？

從長頸鹿古代親戚的化石可看出，
牠們頭骨和頸骨的構造非常適合粗暴的甩頭打鬥。

　　一般認為長頸鹿之所以演化出這麼長的脖子，是為了吃其他動物難以接觸到的高枝樹葉。但中國科學院古脊椎動物與古人類研究所的研究人員認為，這項獨特的演化適應可能跟競爭交配對象有關。

　　長頸鹿的脖子可長達二至三公尺。在求偶的競爭過程中，互相打鬥的長頸鹿揮舞修長的脖子以甩動沉重的頭顱，用頭顱上堅硬如頭角的皮骨角（ossicone）攻擊對手。脖子較長的長頸鹿可以給對手帶來更強力的打擊，更有可能贏得交配對象。人們還認為，脖子較長的長頸鹿有較高的社會地位。

　　如今，在中國西部新疆準噶爾盆地出土之現代長頸鹿的古代親戚，歷史有 1,700 萬年的獬豸（*Discokeryx xiezhi*）化石說明這樣的打鬥行為，可能導致牠們演化出經典的長脖子。雖然獬豸的脖子遠比現代長頸鹿來得短，但研究人員對化石進行分析後發現，**獬豸**的頭部和脊椎之間有一系列相當複雜的關節，頭上也有圓盤狀的皮骨角，這使得牠們非常適應高速的頭對頭撞擊。

　　研究發現，相較於其他適應沉重頭部撞擊的現代動物（如麝牛），**獬豸**的頭頸結構能夠更有效地吸收衝擊能量。求偶競爭中用頭部互相撞擊的行為，或許驅使了**獬豸**演化出如此獨特的骨骼結構，這說明現代長頸鹿演化出特殊的頸部和頭部構造，可能也是這個原因。

「現存的長頸鹿和古代的獺㹭都是長頸鹿總科（Giraffoidea）的成員。雖然兩者在頭骨和頸部的形態上差異極大，但這些結構都和雄性個體的求偶打鬥有關，而且也都往相當極端的方向演化。」研究的第一作者王世騏博士說道。

研究人員相信，在 700 萬年前長頸鹿屬的演化期間，現代長頸鹿的直系祖先發展出一種以揮頸甩頭來攻擊對手的打鬥方式。加上性擇作用，這樣的行為在接下來的 200 萬年間驅使現代長頸鹿的脖子極度延長，這可能也使得長頸鹿特別適應以高枝樹葉為食的生態棲位。（陸維濃譯）

從根據化石重建的獺㹭模型可以看出，牠們有堅硬的頭骨和強壯的脊椎骨。

獺㹭（前）的頭頸構造很適應高速的頭部撞擊。現代長頸鹿（後）之所以演化出修長的脖子，可能就是源於這種行為。

狒狒有所妥協

說到團體行動這回事，似乎大家都得做些妥協。

科學家在一群野生棕狒狒（olive baboon）身上，透過體適能追蹤技術（fitness tracker technology），揭露了牠們保持團體行動的方法。

「曾經跟學步幼童一起走過路的人都知道，跟體能不同的人一起走路是怎樣的挑戰。」研究論文的第一作者，德國普朗克動物行為研究所的生態學家羅伊・哈洛博士（Roi Harel）說，「為

棕狒狒會在步幅上互相妥協，達成團體行動的目的

了維持團體的凝聚力，個子小的成員付出的心力不成比例，這可能是因為他們是團體中獲得最大利益的成員。」

研究團隊以肯亞姆帕拉研究中心的一群野生棕狒狒為研究對象，為了記錄牠們的數據，研究人員在牠們身上安裝 GPS 追蹤器和加速計。追蹤器顯示的讀數提供了每隻狒狒的運動資訊，包括牠們所在的位置、步數，以及運動速度。

體型較大的狒狒步幅較長，走路的步數會比體型小、年紀小的狒狒來得少。研究人員發現，團體裡的所有成員都要有所妥協，才能跟最靠近自己的同伴達成一致的步調。跟體型較大的成員一起走時，狒狒會加大步幅，跟體型較小的成員一起走時，則是會縮減步幅。哈洛說，「在一對一的互動時，地位最高的公狒狒的權力顯然大於其他狒狒，但團體行動似乎是由共同決策的過程所驅動。」

鳥群也有類似的動態，這很可能是一種普遍的模式，適用於各個物種，不管牠們是在地上走、水裡游，或是天上飛。（陸維濃譯）

黑猩猩會互相打招呼

FIND OUT MORE

黑猩猩、侏儒黑猩猩跟我們一樣，會用常見的動作來象徵社交活動的開始和結束，比如互相凝視或發出聲音就足以表示牠們準備開始玩耍。這樣的發現挑戰了目前認為只有人類會做出共同承諾的觀點。相關研究人員表示，「對我們的共同行動而言，無論規模大小，比如長期計畫或一起吃午餐，共同承諾都屬於一種驅動力或黏著劑。」

儘管許多動物都會透過合作來達成目的，但研究人員認為共同承諾必須包含責任感。研究中也發現，有兩隻侏儒黑猩猩在互相理毛的過程中被打斷時，彼此朝對方做了個動作，研究團隊據此提出新的觀點：共同承諾必須在事先達成一致的共識，並決定何時結束。在侏儒黑猩猩身上看見的行為，可以視為具有雙方同意回復先前承諾，繼續互相理毛的意思。

黑猩猩以藥用昆蟲
互相治療傷口

從這項行為來看，黑猩猩可能具有類似人類的同理心。

2019 年 11 月，西非國家加彭的盧安果國家公園正在進行歐昭加黑猩猩計畫，其中一名志工亞莉珊卓・馬斯卡羅（Alessandra Mascaro）觀察到令她不敢置信的景象。一隻名叫蘇紀（Suzee）的黑猩猩注意到自己兒子希亞（Sia）的腳受傷了，經過一番思考之後，蘇紀從空中抓下一隻飛蟲，放進嘴裡舔舐一下，再敷在希亞的傷口上。

馬斯卡羅拍攝的影片記錄了這觸動人心的一幕，她將影片拿給主管看，即參與歐昭加計畫的靈長類動物學家托比亞斯・戴施納博士（Tobias Deschner），和德國奧斯納布魯克大學的認知生物學家西蒙・匹卡教授（Simone Pika）。

歐昭加團隊隨後開始觀測位於同一國家公園的黑猩猩，看看是否會重複出現類似行為。經過 15 個月，他們觀察到黑猩猩將昆蟲敷在自己身上或族群裡其他成員身上的次數總共有 76 次。研究團隊不確定為什麼黑猩猩要用昆蟲做這件事，甚至連是什麼昆蟲都不知道，不過他們猜想也許這些昆蟲具有能夠舒緩疼痛的特性。以前曾經觀察到熊、大象和蜜蜂等動物會在「自己」身上塗藥，這項研究則是首次看到動物治療其他個體的傷口。

匹卡認為這種利用昆蟲治療他人傷口的表現，顯然是一種利社會行為，在人類身上就是同理心的表現。「我對這件事特別興奮，因為很多人對其他動物的利社會行為抱持懷疑態度，忽然間我們真的看到有個物種會去照顧其他的個體。」匹卡說，「有許

多種昆蟲被人類拿來治療疾病，而且一直有研究指出昆蟲具有抗菌、抗病毒和抗寄生蟲的功用。」

　　研究團隊現在的目標是確認黑猩猩使用的是什麼昆蟲，以及探討施予治療者和接受治療者的身分，嘗試釐清這樣的行為是否存在階級關係。「在自然環境中研究類人猿對於了解人類的認知演化很有幫助。」戴施納說，「對於研究和保護類人猿以及牠們的棲地，我們還需要更加努力才行。」（賴毓貞譯）

空中巨鳥

有效的飛行防禦陣形。

就算是身經百戰的自然攝影師，看到這畫面也肯定會忍不住驚呼：愛爾蘭恩內爾湖上空的椋鳥在一瞬間組成了一隻巨鳥的形狀。

這種現象被稱作是群飛（murmuration），椋鳥會在準備棲息前聚集在一處，每隻鳥都具有絕佳的感知能力，可避免於空中碰撞。「牠們的視力好得不可思議，反應速度比我們的精英運動員還要厲害，」英國格洛斯特郡大學的安妮‧古迪納夫教授（Anne Goodenough）解釋，「這樣的能力，讓 500 萬隻椋鳥能夠以群飛的形式在空中飛行。」

然而，這場空中表演可不是為了讓我們觀賞。椋鳥會透過群飛來嚇阻敵人，因掠食性鳥類在捕食時會聚焦在單一獵物，這種無法預測的空中群聚讓掠食者難以識別特定的椋鳥。整體而言是巧妙的防禦機制……除非牠們不小心組成了巨型目標。（黃妤萱譯）

Porknite：豬的心智能力足以玩電玩

人們已經知道豬不笨，但牠們甚至比想像中還聰明。

是 時候打開遊戲《豬盜獵車手》（*Ham Theft Auto*，仿照 *Grand Theft Auto*）了：最新研究指出豬的智力足以玩電動玩具。

這項發表於《心理學前沿》（*Frontiers In Psychology*）的研究測驗了四隻豬（名字分別是哈姆雷特、歐姆蛋、黑檀木和白象牙）的智力，讓牠們用鼻子玩簡單的搖桿遊戲，移動游標到螢幕上的四個目標。牠們雖然沒辦法玩贏一局《要塞英雄》（*Fortnite*，或稱堡壘之夜），但看得出來大致能理解這個基本遊戲。

這幾隻豬的表現顯然不是誤打誤撞，而是真的理解搖桿可以控制游標移動。研究人員表示，牠們的拇指與其他手指不能合在一起，但表現不錯，這點「相當了不起」。

這項研究的主要作者是美國普渡大學的肯達斯・克羅尼博士（Candace Croney），他表示，「動物理解自己的行為能影響其他事物，是個不小的成就。這些豬做得到這點，讓我們可以進一步思考牠們還能學些什麼，以及學習這些對牠們有何影響。」

研究人員同時指出，雖然這些豬是透過食物這種正向增強來學會玩電玩，不過社會線索（socialcue）也很有效。事實上，當電玩難度提高，豬的興趣開始降低時，「只有實驗人員的口頭鼓勵」能讓訓練繼續下去。

這項研究是關於豬的智力成就的最新發現。豬不僅能藉助鏡

豬能理解簡單的電動玩具，
還能用鼻子控制搖桿。

子找到藏在圍欄內的食物，還有研究指出豬接受訓練後能聽從
「來」和「坐下」等口令做出動作。

　　克羅尼說，「我們和豬的互動和對待方式能影響牠們，也對
牠們很重要，其實有意識的生物都是這樣。因此我們在道德上有
義務了解豬如何獲取資訊，以及牠們的學習和記憶能力，因為這
些都會影響牠們如何認知與人類和環境的互動。」（甘錫安譯）

狗知道我們何時感到有壓力

寵物犬能從我們的汗水和氣息中聞出壓力荷爾蒙的氣味。

任何一位養狗的飼主都會說，狗狗能分辨出他們何時感受到壓力。如今，愛爾蘭貝爾法斯特女王大學的研究人員證明他們所言不假：狗真的知道我們何時感受到壓力，因為牠們聞得出來。

研究人員在延續先前和犬科動物嗅覺有關的研究時得到這項發現，過去的研究證實狗能夠藉著人類的汗水聞出對方是否罹患癌症和新冠肺炎。

為得到這項發現，研究團隊在貝爾法斯特招募了 36 名人類志願受試者以及四隻居家犬：泰羅（Treo）、芬格爾（Fingal）、蘇特（Soot）和威妮（Winnie）。人類受試者在測試中拿到一道

受試犬蘇特正在檢查採集自
受試者的一系列汗水樣本。

複雜的數學題，目的是增加他們受壓的程度，並在受試者解題前後採集他們的汗水和氣息樣本。

研究人員在整個實驗過程中持續監測受試者的狀況，只有在偵測到受試者血壓及心跳速率升高時（兩者皆為受壓程度增加明確指標），才會再度採取樣本。與此同時，受試犬接受訓練，從一系列氣味中選出特定的氣味。

接著，研究團隊讓每隻受試犬嗅聞一系列氣味，其中包括受試者放鬆時和受壓時的氣息樣本，觀察牠們是否能區辨兩者的不同。即使受試犬和受試者在這之前從未碰面，但四隻受試犬全都正確地鑑別出每一位受試者遭受壓力時的樣本。

「這樣的發現說明我們在遭遇壓力時，汗水和氣息會產生不同的氣味，而狗能夠從我們散發出的氣味分辨我們是否呈現放鬆的狀態；即使是面對從未見過的人類。」就讀於女王大學心理學院博士班的研究人員卡拉·威爾森（Clara Wilson）這麼說道，「此研究強調的重點在於，狗不需要視覺或聽覺線索也能接收到人類的壓力。這是一項首開先例的研究，並提供證據指出狗光是嗅聞人類氣息或汗水的味道，就能聞出人類的壓力，對這服務犬或治療犬的訓練可能有所助益。」

威爾森表示，「這項研究進一步闡明人與狗的關係，並讓我們更加瞭解狗如何詮釋人類的心理狀態並與之互動。」（陸維濃譯）

嗅聞及感官能力

狗的嗅覺出了名的好。以下列出幾個牠們嗅覺如此敏銳的因素⋯⋯

立體嗅覺
每隻狗的鼻孔都有獨立嗅聞的能力，讓牠們得以判斷某個特定氣味來自哪裡。

2.2 億
受器數量
我們的狗朋友鼻子裡大約有 2.2 億個嗅覺受器，人類只有 500 萬個。

10,000 倍
嗅覺敏感度
由於狗的鼻子裡有這麼多受器，牠們的嗅覺大概比人類敏感一萬倍。

育種使人無法對狗兒說不

數千年來的繁殖育種，讓狗能夠更快做出臉部動作，跟我們有更密切的交流。

科學家研究狗和狼的臉部肌肉，發現兩者在解剖結構上的顯著差異，這可能是出於人類育種的結果。人類與狗的關係可以追溯到 3.3 萬年前，仰賴的就是人狗兩個物種間的互惠連結。這是透過視線交流，以及狗兒藉著與人類相似的臉部表情與人「溝通」而發展出來的。

美國匹茲堡杜肯大學的科學家在比較過狗和狼的臉部肌肉後，將研究重點放在稱為擬態肌（mimetic muscle）的肌肉上。許多哺乳動物都有擬態肌，這種肌肉連結著臉部神經，能幫助我們傳達各種情緒，如皺眉或微笑。

該研究第一作者，生物人類學家安妮‧巴羅斯（Anne Burrows）表示，人體的擬態肌是由能讓我們幾乎馬上做出臉部表情的肌纖維構成。這些「快縮」的肌肉細胞可以讓我們在面對鏡頭時快速露出微笑，不過也很容易疲勞。

由慢縮肌纖維構成的擬態肌反應速度比較慢，不過更能控制及保持動作姿勢。既然臉部表情能幫我們促進跟狗之間的社交互動和連結，那狗的擬態肌是否在與人類接觸的歷程中演化成能更快做出臉部動作？所謂「無辜小狗眼神」（puppy-dog eyes），是我們選擇性地培育出來的嗎？

相較於從狼身上取得的樣本，狗的臉部肌肉中快縮肌纖維的比例較高。巴羅斯表示，在馴化過程中，「狗可能演化出動作速度『更快』的肌肉，讓狗比狼更能與人類溝通交流。所謂的『無辜小狗眼神』，就是狗經常在人類面前做出的表情。雖然我們無

從知道狗在做出這種表情時在想什麼，但這確實會引起人類關愛的反應。」

　　接下來，研究人員想要擴大研究對象。巴羅斯說，「我們想了解從迷你犬到大型狗的各個品種差異，以及是否有犬種會以不同的方式運用臉部肌肉。」（黃于薇譯）

分別取自狼、家犬和人類的口輪匝肌組織樣本。從照片中可以看出，狗跟人類的樣本有一些相似之處。

開車魚兒

事實證明，金魚可以像鴨子學游泳一樣學習開車。

以色列班古里昂大學的研究團隊教導了六條金魚駕駛裝有輪子的魚缸往目標移動，魚兒們要是成功達到目標，就能得到獎勵。

每隻魚的魚缸上方都會放置一部攝影機，裡面的魚則會學習在缸內游動來「開車」。攝影機會監控魚的運動，將影像直接傳輸到電腦，電腦則會接著將「魚車」的輪子往特定方向移動。

研究作者歐哈德‧本沙哈博士（Ohad Ben-Shahar）表示，這項研究不只是讓夜市撈金魚遊戲的難度變高，對未來人類探索星際也會有所影響。

魚類經證明可以在陸地上行駛，也許可以讓我們更瞭解如何幫助太空人探索陌生的環境。本沙哈如此說道，「我們肯定該為此而努力。」（黃好萱譯）

地震搜救鼠指日可待

來聽聽阿波波的行為研究學家唐娜・基恩（Donna Kean）
分享如何訓練大鼠學會探測地雷，
找出震災中的生還者。

「鼠」我其誰？

大鼠有其他技術都無法取代的獨特貢獻，至少在我們的研究領域裡是這麼回事。大鼠跟狗一樣嗅覺靈敏、易於訓練，最重要的是，身體很小。

我在非政府組織「阿波波」（APOPO）工作，其荷蘭文全名是「殺傷性地雷探測產品開發」，而我們的工作夥伴是非洲巨鼠（*Cricetomys ansorgei*）。由於牠們嬌小輕盈的身體不會引爆裝置，我們教牠們探測地雷。也因為牠們能夠爬上高高堆疊的貨櫃，我們正在教牠們在港口探測非法走私的野生動物氣味。

我會從事搜救鼠研究，主因也是大鼠可以進入殘骸現場裡的狹小空間。搜救犬往往只是四處走動，我們則希望大鼠可以真正深入並穿越瓦礫堆，畢竟牠們的身形如此之小。

我們只會出動搜救鼠進行人道任務，而且前提是那項任務需要搜救鼠的獨特能力。如果已經有其他可用且價格合理的技術能達成目的，我們就不會單純為了趣味而訓練牠們。

如何訓練搜救鼠找出埋著的生還者？

我們根據操作制約理論，使用「正增強」（positive reinforcement）來訓練大鼠學會一連串的行為，以搜救鼠來說就是尋找生還者、表明找到了、回到原位。

正在接受訓練的搜救鼠。
訓練場地會漸漸增加碎片
殘骸以模擬地震現場。

訓練初期的環境相當陽春，只是一個空蕩蕩的小房間，接著我們會漸漸擴大空間並提升複雜度，讓房間接近現實的樣貌。我們可以開始加入一些碎片殘骸，讓訓練場所變得更像真實的倒塌建物。

發現生還者之後呢？

大鼠必須啟動一個聲響開關。在這個階段，我們會讓牠們穿著背心，領口有一顆配有微動開關的小球。牠們受到的訓練是，找到人時要拉動小球，啟動微動開關發出嗶聲。拉球並不是牠們天生的行為，但我們可以進行「形塑」訓練。我們首先會讓牠們穿上附有小球的背心，牠們天性好奇，所以當小球掛在那兒，牠們會露出一副「這是什麼」的模樣。

一開始，我們只對碰球行為給予增強。但根據「形塑」的標準程序，接下來不能繼續增強，這樣牠們才會明白「噢，我不會再得到獎賞了」，於是更加賣力。這樣通常會讓牠們成功拉動小球，而屆時我們必須非常迅速地給予獎賞，讓牠們知道拉球就是目標行為。接著可以用同樣的方法繼續形塑老鼠，直到牠們成功拉動小球長達兩到三秒，讓我們獲得明確的通知。

當然，我們在實際的搜救現場無法看見搜救鼠，也聽不見牠們的聲音。因此，我們正與工程師攜手開發一款能連接電腦的多功能後背包，以便接收拉球通知。後背包裡應該也會配備定位發射器，讓我們能得知牠們的確切位置。

搜救鼠如何分辨人的死活？

由於訓練過程只會有活人參與，我們經常討論這個問題。根據犬隻訓練師的說法，活人和死人的氣味特徵差很多，在人死後約三到四個小時，狗就可以分辨活人和死人的氣味。

為了訓練大鼠，我們原本以為需要弄到某種氣味，雖然很難說

科學家訓練大鼠尋找崩塌建物裡的受困者，前往搜救犬和無人機到不了的地方。

是什麼氣味，但基本上就是死亡的氣味。然而，犬隻訓練師說沒必要這樣做，因為活人和死人的氣味差太多了，根本不是問題。

搜救鼠何時會上工？

我們在 2021 年 8 月才展開訓練，目前還需要在研究環境外進行一些實地演練。我們正在與土耳其的搜救隊 GEA 合作，土耳其是地震頻繁的國家，我們希望將來能帶著大鼠到那裡演練，但是否會去崩塌建物之類的實際災難現場就很難說。

阿波波在 1998 年展開地雷探測研究，2003 年 4 月進行第一次實地演練；2003 年則展開結核病偵測研究，在 2007 年首次讓大鼠執行任務。就這兩種任務而言，每隻大鼠平均要花費 6,000 歐元（約新台幣 18 萬元）才能完成訓練。

我們目前正在訓練七隻搜救鼠，但因為只有一個後背包，牠們只能輪流使用囉！（王立柔譯）

人臉上的小蟎蟲已接近滅絕

**人類的肉眼可以看到這 0.3 公釐長的小動物，
你睡覺時牠們就在你身上到處爬。**

生活在你皮膚毛孔裡的微小蟎蟲利用你產生的油脂做為牠們「徹夜」交配的能量來源，這其實是件好事。這些在深夜交配的蟎蟲曾被怪罪是造成青春痘、痤瘡和頭皮發癢等毛病的凶手，但牠們其實有可能幫助我們保持毛孔暢通，擺脫導致皮膚問題的出油狀況。事實上，這些微小的蟎蟲對我們而言可謂利多於弊，牠們就像腸道細菌一樣，是日常生活的一份子。

不過，英國班戈爾大學和雷丁大學的研究指出，這些微小的毛囊蠕形蟎（*Demodex folliculorum*）可能正面臨威脅。這項首度研究蟎蟲 DNA 的研究顯示，長久以來和人類共存導致牠們失去大部分的遺傳變異。居住在人類毛孔中，尤其是臉部和乳頭附近的毛孔，如同過著隔離的生活，使牠們逐漸步入「演化的死胡同」。

新生兒和嬰幼兒從母親身上得到這些蟎蟲，但成人之間即使有親密接觸，蟎蟲似乎也不會轉移到他人身上。這代表牠們基因交雜的機會很少，幾百萬年來，互相交配的蟎蟲一直把相同的基因傳遞給下一代，並擺脫那些派不上用場的基因。

「我們發現這些蟎蟲與身體構造有關的基因，排列方式跟其他相似種類有所不同，這是因為牠們已經適應了在人類毛孔中的庇護生活，造成牠們的 DNA 發生改變，因而產生一些獨特的身體特徵和行為。」來自雷丁大學，共同領導這項研究的雅莉韓卓・佩洛提博士（Alejandra Perotti）說道。

舉例來說，牠們之所以在夜間活動，一部分就是因為這種基因退化現象。在某個時刻，牠們失去了產生褪黑激素（melatonin）

的基因，夜間活動的動物利用這種化學物質在晚上保持清醒。算這些蟎蟲好運，我們的皮膚腺體在晚上會產生褪黑激素，可提供牠們交配時所需的能量。

儘管毛囊蠕形蟎和我們的關係已經存在數百萬年之久，但牠們其實正走向滅絕的道路。在世世代代的毛囊蠕形蟎之間，DNA的差異變得越來越小。到了某一天，基因池太小將可能導致牠們滅絕。

長久以來，我們認為這種蟎蟲沒有肛門，一輩子（短短的二至三週）都把糞便留在體內直至死去，但遺傳分析的結果推翻了這個想法。研究人員曾經認為，蟎蟲死後釋出的糞便是引起人類皮膚發炎以及青春痘等問題的原因，但牠們不該背負這麼糟糕的名聲。

「我們把很多事情都怪罪到蟎蟲身上。」來自班戈爾大學，共同領導這項新研究的的漢克·布瑞格博士（Henk Braig）解釋，「但牠們跟人類建立了如此長久的關係，代表牠們可能扮演著簡單卻重要的角色，比如保持我們的臉部毛孔暢通。」

雖然蟎蟲曾被認為是寄生蟲，但布瑞格和同事正在重新評估牠們在人類生活中扮演的角色。牠們幫助我們維持皮膚健康，表示我們可以視其為一種共生關係，這是由兩種互利的不同生物所建立的終生關係。

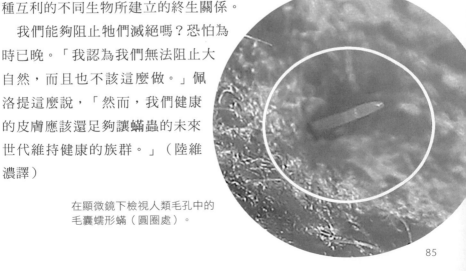

我們能夠阻止牠們滅絕嗎？恐怕為時已晚。「我認為我們無法阻止大自然，而且也不該這麼做。」佩洛提這麼說，「然而，我們健康的皮膚應該還足夠讓蟎蟲的未來世代維持健康的族群。」（陸維濃譯）

在顯微鏡下檢視人類毛孔中的毛囊蠕形蟎（圓圈處）。

給蜜蜂的補藥

有一種植物性的化合物可以拯救蜜蜂免於感染
造成翅膀畸形、引發癱瘓並毀滅蜂巢的病毒。

大家都知道要拯救蜜蜂。從氣候變遷到殺蟲劑等各種因素，在在造成牠們的數量下降。

但瓦蟎（Varroa mite）這種寄生蟲是蜜蜂要面對的另一項巨大威脅。這種微小的蟎類除了以蜂巢內的蜜蜂幼蟲為食，還攜帶著多種可以引發蜂巢浩劫的病毒。一旦感染病毒，會造成蜜蜂翅膀畸形、癱瘓，並喪失維持蜂巢正常運作的協調能力。

瓦蟎攜帶的病毒中，會造成翅膀皺縮或發育不良的「畸翅病毒」（deformed wing virus）傷害力尤其強大。這種病毒也會影響蜜蜂的記憶，通常會造成負責覓食的工蜂離巢後無法回巢，而

畸翅病毒會造成蜜蜂
翅膀發育不良或皺縮，
就像照片中這隻。

少了食物和工蜂會造成蜂巢崩潰。

然而，一項由臺灣大學進行的新研究發現，定期給予丁酸鈉（sodium butyrate，NaB）這種植物性的化合物可以強化蜂巢抵禦畸翅病毒的能力。研究論文的第一作者，博士後昆蟲學家唐政綱說，「這種化合物就像人類服用的維生素，定期攝取可以讓蜜蜂變得更強壯。」

丁酸鈉是一種由鈉、碳、氫和氧構成的化合物。某些食物本身就含有丁酸鈉，人類在消化植物纖維時，腸道也會產生丁酸鈉。

當蜜蜂攝入丁酸鈉時，被畸翅病毒鎖定為攻擊目標的基因，其活性會增加，在控制學習和記憶腦區尤其如此。藉著在蜜蜂感染畸翅病毒前給予丁酸鈉，研究人員得以在五天內拯救蜂巢中90%的蜜蜂，而未接受丁酸鈉處理的蜂巢，蜜蜂存活率只有10%。

「在此之前我們還發現，丁酸鈉可以調升一些和蜜蜂免疫反應有關的基因。這有助於抑制病毒的複製，並提高蜜蜂的生存機會。」研究文章的主要作者吳岳隆教授說，「丁酸鈉的價格非常便宜，如果能證明它的好處，那麼這會是一個簡單又實惠的方法，可以讓蜂農保住蜜蜂的性命。蜜蜂是全世界許多高經濟價值水果和蔬菜的重要授粉者，因此是維持生態系平衡的關鍵要角。」

研究人員還注意到，相較於遭受病毒感染的蜂巢，攝取丁酸鈉的蜂巢其蜂蜜產量更多。唐政綱表示，「所以，接下來的新計畫可以觀察丁酸鈉對農業和蜂蜜產量的影響。」（陸維濃譯）

如何幫助蜜蜂

看到正在掙扎的蜜蜂，你可以輕輕地把牠放到適合的花朵上，給牠時間慢慢恢復。如果附近沒有花朵，可以用茶匙或寶特瓶蓋盛裝濃度50%的糖水，放在蜜蜂面前，讓牠補充碳水化合物並再次飛起來。

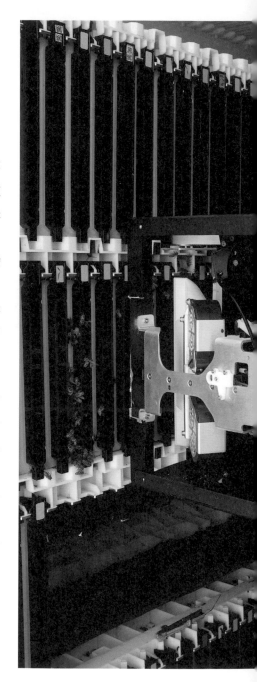

高科技蜂巢

運用人工智慧自動對蜂巢進行全天候的照顧。

地球因為有授粉者而生生不息。在我們食用的蔬果、種子和堅果裡，超過 70％ 都是由蜜蜂傳播花粉。但就像其他昆蟲一樣，蜜蜂的數量也因棲地喪失、氣候變遷和殺蟲劑等因素而漸漸減少。

此種高科技蜂巢的目標是改善蜂群的健康。藉由人工智慧，蜂巢的溫度和溼度可以維持在最佳狀態，也可以監測致命害蟲或蜂群動態。

這個自動蜂巢的發明者是以色列的蜜蜂智慧公司（Beewise），它能同時支應 48 個蜂群，相當於 100 萬至 200 萬隻蜜蜂。

「這就像每隻蜜蜂都有專屬的養蜂人進行全天候照料。」蜜蜂智慧公司的執行長薩爾 · 薩夫拉（Saar Safra）解釋，「可惜真正的養蜂人逐漸變少，沒有足夠人力來處理蜜蜂的需求。」但多虧人工智慧蜂巢，養蜂人可以把蜂群養得更幸福健康、「甜甜蜜蜜」囉！（王立柔譯）

遺傳學家致力於復活袋狼

這種有袋動物可能將在未來 10 年內重返世界。

即使最後一隻人類已知的袋狼離開這個世界已經將近 100 年，但牠們很有可能再次在這個世界上四處徘徊潛行。

2017 年，科學家完成袋狼的基因組定序，許多研究人員開始尋找結束袋狼滅絕狀態的可能性。如今，澳洲墨爾本大學的遺傳學家在與位於美國達拉斯的基因工程公司 Colossal Biosciences 組成團隊後表示，他們期待在未來 10 年內孕育出他們的第一隻袋狼寶寶。

「現在，面對生存受到威脅的澳洲有袋類動物，我們的保育行動可以有巨大的躍進，並迎接大型的挑戰，也就是針對我們已經失去的動物進行去滅絕（de-extinction）。」袋狼綜合基因修復研究實驗室（TIGRR）負責人安德魯·帕斯克（Andrew Pask）說道，「透過一群科學家同時處理相同的問題，我們可以克服現階段的許多難關，執行並整合許多實驗以加快得到新發現的速度。有了這樣的合作關係，現在的我們擁有一支實現目標所需的團隊。」

除了成功地定序出袋狼的基因組，TIGRR 團隊也針對幾種跟袋狼親緣關係接近的物種進行了定序，包括粗尾細腳袋鼩（fat-tailed dunnart）或是袋鼩

帕斯克率領研究團隊試圖讓袋狼復活。

最後一隻人為飼養的袋狼以
澳洲荷巴特動物園為家，在
1936 年過世。

（marsupial mouse）。他們希望利用這些資訊來編輯這些動物的
活體細胞，透過 CRISPR 技術打造出「袋狼」的細胞，再利用人工
生殖技術將細胞注入現存有袋動物體內發育的胚胎中使其生長。

帕斯克和 TIGRR 團隊將專注於開發生殖技術，如體外人工受
精（IVF），以及在沒有代理孕母的狀況下，於試管中讓有袋動
物從受孕成長至出生的方法。Colossal 公司將致力於利用 CRISPR
基因編輯技術，以現存有袋動物的幹細胞為材料，製造出可用的
袋狼 DNA。

「大家都想知道『還要多久才能看到活生生的袋狼？』過去，
我認為我們可以在 10 年內製造出一個經過編輯，有可能發育成
袋狼的細胞。」帕斯克這麼說，「但有了這份合作關係，現在我
認為在 10 年內，我們可能在袋狼被獵殺至滅絕近一個世紀後，
擁有第一隻活生生的袋狼寶寶。」（陸維濃譯）

基因組序列計劃可能拯救
世上最後的巨龜

亞達伯拉象龜已被列為易危物種，
代表牠們在野外滅絕的風險極高。

瑞士蘇黎世大學的研究團隊發布了相當縝密的亞達伯拉象龜（Aldabra giant tortoise）基因組序列，這項突破可望幫助這瀕臨滅絕的物種避開滅絕的下場。

化石紀錄顯示，巨龜曾是馬達加斯加以及其他印度洋島嶼上的常見物種。如今，狗、貓等入侵種的捕食行為，以及牛隻放牧帶來的競爭壓力，使得巨龜只剩下兩種：以塞席爾亞達伯拉環礁為家的亞達伯拉象龜，與加巴拉哥象龜。

國際自然保護聯盟指出，亞達伯拉象龜已被列為易危物種。解開基因組序列可幫助研究人員繁殖亞達伯拉象龜，增加牠們的

數量，同時更詳盡地研究其生物學和解剖學。「基因組的資訊對動物園的繁殖工作而言相當重要，可藉此維持野外族群的基因多樣性。」

率領這項研究的戈姿戴‧琴林傑博士（Gözde Çilingir）說，「我們發現，亞達伯拉象龜基因組大部分和龜鱉目（包含海龜及陸龜）其他已知物種的基因組很相似。」

研究團隊發布的基因組是目前為止最詳盡的，揭露的基因序列長度超過 20 億個鹼基，研究人員將能更可靠地從中追蹤巨龜野外及人為飼養族群的遺傳變異。為了進行測試，研究團隊對 30 隻馬達加斯加島上的野生巨龜，以及兩隻目前由蘇黎世動物園飼養的巨龜進行基因組定序，藉著與參考基因組（reference genome）比對，他們能夠判斷動物園飼養的巨龜原本來自哪裡。

琴林傑表示，「各種巨龜彼此間的親緣關係非常接近，因此我們的資料將提供巨大的幫助，不僅對亞達伯拉象龜是如此，對所有東非和馬達加斯加島上的巨龜亦然。」（陸維濃譯）

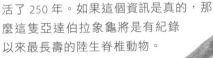

牠的體重可達 300 公斤，相當於半隻普通的乳牛。龜殼縱長可超過 1.2 公尺。

250 年　亞達伯拉象龜的壽命長得驚人，牠們通常可以活超過 100 年，但 2006 年在印度加爾各答動物園過世的亞達伯拉象龜據說活了 250 年。如果這個資訊是真的，那麼這隻亞達伯拉象龜將是有紀錄以來最長壽的陸生脊椎動物。

25 顆　母龜在 2 至 5 月間產卵，一次產下 10 至 25 顆。經過八個月的孵育，幼龜將在 10 至 12 月間孵化。

利用 CRISPR 基因編輯技術製造一窩同性別的小鼠

可望幫助我們不用再撲殺科學研究中所使用的家畜和動物。

公牛不會泌乳，公雞不會下蛋，因此大部分的酪農業和家禽養殖業者可能會希望母牛和母雞生下的後代全部都是母的。

如今，英國弗朗西斯‧克里克研究中心以及肯特大學的科學家成功地利用 CRISPR 基因編輯技術，讓新誕生的一窩小鼠全為雄性或全為雌性。

科學家已經能以百分之百的準確度讓同一窩小鼠皆為同一性別。

94

在此突破性發展中，研究人員利用了 CRISPR 是由兩個構件所組成的原理：可切開 DNA 讓科學家對基因特定位置進行修改的 Cas9 酵素，以及帶著 Cas9 酵素前往基因組內目標區域的導引 RNA。

研究人員鎖定的目標是 TOP1 基因。在小鼠體內，破壞 TOP1 基因會造成胚胎在早期階段就發育失敗。為了製造出全為雌性的一窩小鼠，研究人員把 Cas9 酵素放到親代雄鼠的 Y 染色體裡，也就是只有雄性胚胎會遺傳到 Cas9 酵素，再把導引 RNA 放到親代母鼠的 X 染色體內，於是所有的胚胎都會遺傳到導引 RNA。當攜有親代雄鼠 Y 染色體內 Cas9 酵素的精子，和攜有導引 RNA 的卵子結合時，便會在雄性胚胎內觸發基因編輯過程，使其在發育早期就停止發育。若要製造出全為雄性的一窩小鼠，就把 Cas9 酵素放到親代雄鼠的 X 染色體裡即可。

「我們在雌雄之間把基因編輯過程分成兩半，唯有分開的兩半透過生殖過程在胚胎中重逢，才會啟動基因編輯過程，使得擁有兩個構件的胚胎在相當早期的細胞階段就會無法繼續發育。」論文的第一作者，弗朗西斯·克里克研究中心博士後研究員的夏洛特·道格拉斯（Charlotte Douglas）說。

利用這個方法，研究人員可以精準控制每一窩小鼠的性別，並且對存活的小鼠沒有傷害。此外，由於 TOP1 在哺乳類動物之間為高度保留的基因，研究結果或許也適用於家畜等其他動物。

「這項研究可能對改善動物福祉帶來深遠的影響，但應站在道德倫理和監管規範的層面加以考量。」肯特大學分子遺傳及生殖領域的資深講師彼得·艾利斯博士（Peter Ellis）說，「在將此技術應用於農業之前，必須進行廣泛的公開對話和辯論，同時也要修改相關法律。我們需要有進一步的研究，首先是為不同物種開發基因編輯所需的工具包，接著再檢查這些工具是否安全且有效。」（陸維濃譯）

以 3D 列印陶土礁
拯救珊瑚礁生態

以色列巴伊蘭大學米娜與艾弗拉德古德曼生命科學院博士候選人娜塔莉・樂維（Natalie Levy）談及如何以人造材料模擬自然珊瑚礁，藉此吸引海中生物棲息。

為什麼珊瑚礁那麼重要？

珊瑚礁有「海中熱帶雨林」之稱，是許多生物的棲息地，從最小型的無脊椎動物到巨大的商業漁獲，還有微生物、小型海洋動物，所有的生命都仰賴珊瑚礁生存。

珊瑚礁對海岸的居民也很重要，這是他們的生計、經濟來源，也是旅遊景點。珊瑚礁還能阻擋海浪，不讓島嶼或海岸城市受到海浪侵蝕。我們都或多或少、直接或間接從珊瑚礁身上得到好處。

珊瑚礁的結構是什麼樣子？

如果去掉組成珊瑚礁的所有活珊瑚、海綿等各種不同的東西，剩下的看起來就是一塊岩石。但當珊瑚和其他生物開始在這個結構上定居成長，就會慢慢形成珊瑚礁。

現存的人工珊瑚礁難以模擬自然環境，複製珊瑚棲息地的複雜結構讓珊瑚礁生物棲息。我們的研究基本上是利用 3D 成像和建模技術，分析出珊瑚礁最重要的特徵。如果把一條毯子蓋到珊瑚礁上，毯子就會出現輪廓。我們就是分析並模仿這個輪廓。

依據真實珊瑚礁建構的電腦模型，
利用赤陶土列印出層層疊加的人工
珊瑚礁。

如何掃描珊瑚礁？

以色列海法大學的夥伴拍了數千張水下影像，並在成像軟體中將這些影像連接在一起，就形成一個細節精準又逼真的珊瑚礁模型。你可以變換模型的角度或放大縮小，還可以在上面標記不同的珊瑚物種。

我們與以色列理工學院的 3D 列印與設計團隊合作，請他們將資訊轉譯並放進電腦輔助設計（CAD）軟體，供 3D 列印機判讀。接著，3D 列印機就可以產出跟設計一樣複雜並充滿細節的成品。

列印的過程是什麼？

3D 列印這個詞源於「積層製造」（additive manufacturing）這個工業用語，意思跟字面一樣，就是一層一層堆疊累積。3D 列印機一開始會先把整個結構的輪廓以六邊形堆疊，再繼續往上疊加。它能按照設計、堆疊材料並輸出成品。

我們用的材料是赤陶土（terracotta clay）。將赤陶土放進窯裡燒結成為陶器，孔隙率就會保持不變，這點對放置在水下非常重要。而赤陶土的特性也與真正的珊瑚骨骼相近。

目前研究的成果如何？

紅海的艾拉特灣（Gulf of Eilat）裡已經放了一些 3D 列印珊瑚礁，目前還在觀察與蒐集數據的階段。我們也用一樣的材料和流程，列印了一些不那麼複雜、尺寸比較小的陶磚放在海中。

我們想知道珊瑚礁生物會怎麼和這些 3D 列印珊瑚礁互動、哪一種生物會在 3D 列印珊瑚礁上定居、又是怎麼做到的、還有這些生物跟真實珊瑚礁上的生物是否一樣。

赤陶土對珊瑚礁生物來說是非常好的材料，而目前使用赤陶

土的成效也非常好。如果我們把珊瑚礁生物放在試驗用的 3D 列印珊瑚礁上，牠們的確會落地生根，但我們放在艾拉特灣的 3D 列印珊瑚礁，所有主要的造礁生物，都是自然而然就開始在上面定居。

我們一直用影像監測這些 3D 列印珊瑚礁，之後很快就會開始用環境 DNA（eDNA）來監測，希望可以在珊瑚礁身上見到同樣的進展，也希望比起放一塊水泥之類的東西進去，放 3D 列印珊瑚礁可以增添更多的生物多樣性。

3D 列印技術可否複製到其他地方使用？

我們就是想這麼做，希望我們執行的演算法和模型可以運用在任何需要協助的珊瑚礁上。所以你可以用 3D 掃描建造珊瑚礁模型，用於哥倫比亞、巴拿馬、巴西或任何需要的地方。

這些 3D 的 CAD 模型可以上傳到網路，任何人都能免費下載。只要有符合要求的 3D 列印設備， 就能利用 CAD 模型印出珊瑚礁。世界上許多機構的研究者早就已經在做了。

計畫的下一步是什麼？

我們的理想是，如果得到大筆資金，就要把這個計畫運用在世界各地其他珊瑚礁上。

我們的理念是幫助所有正在凋零的珊瑚礁，希望能用我們的 3D 列印珊瑚礁啟動大型珊瑚礁復育計畫，讓珊瑚棲息成長。全世界只要想復育珊瑚的人都可以參與這個計畫，也都可以使用這個技術。我們非常期待有人來協助、跟我們合作，一起完成守護珊瑚礁的夢想。（鍾榕芳譯）

生物已定居在
北太平洋垃圾場

我們首度發現海岸生物以遠洋為家。

北太平洋亞熱帶環流區的太平洋垃圾帶（Great Pacific Garbage Patch）聚集了 79,000 噸的塑膠垃圾，覆蓋面積為 150 萬平方公里，漂浮在美國的加州和夏威夷之間。表面流（surface current）將塑膠和其他類型的廢棄物掃進海裡，再由旋轉的洋流把它們聚集成大型的垃圾堆。

一項由美國史密森尼環境研究中心（SERC）、夏威夷大學和海洋航行研究所共同進行的研究發現，包括海葵、水螅和外型有如蝦子的端足類動物（amphipod）的許多海岸物種就住在北太平洋亞熱帶環流區的大型塑膠垃圾堆裡。研究人員稱之為新遠洋群落（neopelagic communities），「neo」代表「新」，「pelagic」代表「遠洋的」。

「在此之前，遠洋地區並非海岸物種的棲地。」SERC 海洋入侵實驗室的資深科學家葛瑞格·魯伊斯（Greg Ruiz）說，「一部分是因為棲地限制，以前沒有塑膠這種東西。另一部分我們認為是因為，遠洋就像食物沙漠。」

研究團隊從北太平洋亞熱帶環流區收集了 103 噸的塑膠和其他廢棄物後進行分析。「塑膠造成的問題不只是被動物攝入以及纏繞動物身體。」研究的第一作者，曾在 SERC 擔任博士後研究員的琳希·哈朗（Linsey Haram）解釋，「塑膠讓海岸物種有機會把生物地理版圖擴張到我們過去認為不可能到達的地方。」

現在研究團隊仍不確定新遠洋群落如何覓食，牠們有可能在隨

波逐流的過程中發現有大量食物的地方，或者塑膠扮演了有如珊瑚礁的角色，可吸引海岸物種的食物前來。目前亦無法確知這些群落有多麼常見，或哪裡還有類似的群落。然而，隨著全球塑膠廢棄物的數量持續增加，團隊認為，這些由海岸生物組成的漂浮群落很有可能繼續成長。（陸維濃譯）

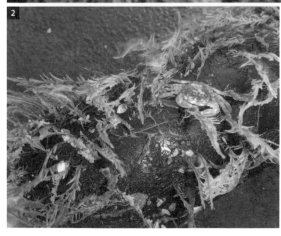

1 2020 年，海洋航行研究所的團隊成員在北太平洋亞熱帶環流區收集垃圾。
2 塑膠垃圾堆上可見各式各樣的海岸物種。

樹懶抱抱

來認識芒果和吉姆吧！

在 這幅溫馨的畫面裡，真正的樹懶是一隻褐喉三趾樹懶（*Bradypus variegatus*），牠叫作芒果（Mango），是暴風雨時在哥斯大黎加一處森林地面上發現的。吉姆（Jim）則是扮演樹懶家長的可愛絨毛玩偶。

芒果是由樹懶保護協會（Sloth Conservation Society）的蕾貝卡·克里夫博士（Rebecca Cliffe）救下，「牠那時大概只有六個月大，被凍壞了，哭著想找媽媽，但媽媽不在身邊。」因此她為芒果取暖、給牠一些食物，再把牠交給能幹的吉姆，一邊等待暴風雨結束。「吉姆是我們的代理樹懶爸爸。因為儘量減少人類與野生動物直接接觸總是比較好，所以我們使用玩偶樹懶。」

之後芒果身上安裝了一個追蹤項圈，由協會人員放回當初發現牠的地方。「我們一直在監測牠的活動。」克里夫說，「牠真的很可愛。」（黃妤萱譯）

CHAPTER 3

考古與歷史

5.5 億年前的化石裡最古老的一頓飯

這群奇異的海洋生物是現存所有動物的親戚。

澳洲國立大學的研究人員在地球上首批出現的大型動物之中,發現其中一種死前最後一餐的菜色。他們表示,就動物的食物而言,這是最古老的證據。研究團隊分析了兩個來自埃迪卡拉生物群(Ediacara biota)的化石,這群生物的生命形式相當古老,是所有現存動物的祖先。在超過 5.5 億年前,這批生物率先發展出具備頭、尾和腸道等特徵的身體。

為了確定埃迪卡拉生物群裡的動物一直以來都吃些什麼食物,研究人員對化石進行分析,找尋保存下來的植物固醇(phytosterol)分子,這是一種在植物內可以找到的天然化合物。結果發現,這些生物吃的是綠藻和細菌。

其中有一種稱為金伯拉蟲(*Kimberella*),類似蛞蝓的生物,跟現代動物一樣透過嘴巴進食,再由腸道消化食物。另一種叫做狄更遜水母(*Dickinsonia*),模樣有點像是稜紋蝶魚,體長達 1.4 公尺,是一種更基礎的生物,沒有眼睛、嘴巴或腸道,可能是在海床移動時透過身體吸收食物。

「就大到肉眼可見的程度而言,埃迪卡拉生物群的確是最古老的化石,而且是我們人類和所有現存動物的祖先,是當今可見最古老的根源。」參與這項研究,來自德國波茨坦地球科學研究中心的伊利亞·博布羅夫斯基博士(Ilya Bobrovskiy)這麼說,「我們的發現指出,埃迪卡拉生物群的動物就像是一群徹頭徹尾的怪物,像是狄更遜水母以及金伯拉蟲等更先進的動物,牠們已

狄更遜水母的化石看起來有點像稜紋蝶魚，
但牠們其實是更為簡單的動物。

經具備某些跟人類及其他現存動物相似的生理特性。」

　　研究人員推測，埃迪卡拉生物群成員的體型之所以能比先前
出現的微生物大上許多，富含能量的飲食可能是其中一項原因。

　　「科學家已經知道金伯拉蟲在刮食覆蓋在海床上的藻類後，
會留下進食的痕跡，說明這種動物具備腸道。」這項研究的共同
作者，澳洲國立大學的喬肯‧布洛克斯教授（Jochen Brocks）
說，「不過，只有在分析過金伯拉蟲腸道內的分子後，我們才能
確定牠吃了什麼，以及如何消化。」（陸維濃譯）

霸王龍可能很挑食

牠們的下頜骨上有神經能夠感測及挑選
獵物身上最美味的部位。

日本福井縣立大學恐龍學研究所的研究團隊利用電腦斷層（CT）掃描技術，針對美國蒙大拿州地獄溪地層出土的霸王龍化石，重建出下頜骨血管和神經的複雜構造。與其他恐龍（例如三角龍）以及現代鳥類和鱷魚進行比較後，研究團隊判定霸王龍的下巴前側具有神經感測器，能夠輕易偵測並挑選獵物身上最可口的部位。

「身為掠食者，霸王龍比我們以前所想的更驚人。霸王龍下頜（下顎）中的神經分布情形，比目前為止曾經研究過的任何恐龍都要複雜，其複雜程度與有極敏銳感覺的現代鱷魚和憑觸覺覓食的現代鳥類差不多。」這篇研究論文的第一作者河部壯一郎博士說，「這表示霸王龍對於物質和動作的些微差異相當敏感，因此也許能夠分辨獵物的不同部位，並依據當時情況而有不同的進食行為。有點像是當熊已經差不多吃飽時，會只吃鮭魚頭部而不吃身體一樣。」

這些結果與獸腳亞目恐龍（含霸王龍在內）的其他研究結果相呼應，其中包括對懼龍（*Daspletosaurus*）頭骨和新獵龍（*Neovenator*）下頜神經與血管的研究。研究團隊表示，據此推斷，獸腳亞目恐龍的顏面區域可能相當敏感。

河部表示，「我們原本以為霸王龍口腔附近的感覺並不敏銳，進食時囫圇吞棗什麼都吃，連骨頭都不放過，如今這樣的觀念已經被新的研究結果全盤推翻。」（賴毓貞譯）

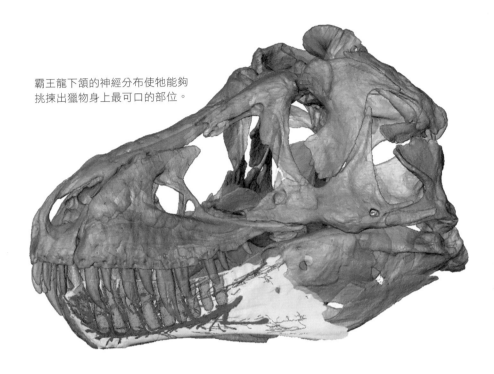

霸王龍下頜的神經分布使牠能夠
挑揀出獵物身上最可口的部位。

霸王龍真的有羽毛嗎？

目前尚無直接的化石證據指出霸王龍身上帶有羽毛。從來沒有人找
到覆有羽毛的霸王龍骨架，或是發現霸王龍臂骨有任何突出的羽
毛。這不令人意外，羽毛、肌肉、肌膚、內臟和其他軟組織往往無
法長久留存，現今出土的化石多是骨頭、牙齒和
外殼等硬組織，這些東西更耐得住地質時間
的摧殘而變成岩石。

儘管如此，我們仍有理由相信霸王龍確
實長有羽毛。在早白堊紀的中國，火山
爆發掩埋了多個完整的生態系，就像龐
貝城被維蘇威火山掩埋一樣，恐龍瞬間滅
頂，軟組織就此封存至現代。這些恐龍
的骨架上有許多都覆有羽毛，包括一隻
羽王龍和一隻帝龍（皆屬暴龍超科，為
霸王龍近親）。換言之，如果霸王龍的
前輩有羽毛，牠們本身也可能有羽毛。

109

巨大翼龍如何飛行

風神翼龍是已知最大型的飛行動物，
利用強壯的雙腳把自己送上天。

風神翼龍（*Quetzalcoatlus*）的翼展有 10 公尺，身體相當於公共汽車那麼長，大約 11 到 12 公尺，就目前所知，是地球上曾出現過的最大型飛行動物。但由於風神翼龍僅有少許的化石骨骼，對於牠們究竟如何飛上天，專家只能進行猜測。

現在，美國德州大學奧斯汀分校的研究團隊認為他們有了答案：風神翼龍在拍動巨大的翅膀飛走之前，很可能要跳到三公尺高的空中。一般認為，「助跑起飛」的方式不適合風神翼龍，因為在地面上振翅的幅度不夠深，無法提供足夠的升力。

有時又被稱為「德州翼龍」的風神翼龍，於 1971 年在德州大彎國家公園出土。但除了一些和骨骼有關的初步描述之外，幾乎沒有人研究過這種謎樣的巨獸。德州大學奧斯汀分校古生物收藏館館長馬修・布朗（Matthew Brown）說，「這是科學界第一次對風神翼龍進行全面性的研究，即使出土已有 50 年，但我們對牠幾乎一無所知。」

團隊研究了所有已確定，以及可能是風神翼龍的骨骼，還有在大彎國家公園出土的其他翼龍化石，才獲得這項發現。他們也因此得以鑑定出一種翼展五公尺寬，體型較小的風神翼龍，並幾乎完整地拼湊出這種風神翼龍的骨骼，再將比例放大至大型風神翼龍的尺度。

大約 7,000 萬年前，這兩種風神翼龍都以大彎為家。較小型的種類很可能過著群居生活，而較大型的種類則是獨居，牠們在溪流附近打獵，就跟現代的蒼鷺差不多。並未參與這項研究的翼龍

風神翼龍以垂直起飛取代助跑起飛。

專家和古動物學家達倫‧奈許（Darren Naish）說，「過去從未
在同一個地方得到過許多如此詳盡、跟神龍翼龍（azhdarchid）
有關的資訊。在未來幾年，或可能是幾十年，這都是該研究團隊
不可或缺的重要發現。」（陸維濃譯）

FIND OUT MORE

剛孵化的翼龍可能就會飛

一支團隊研究了數個翼龍胚胎以及剛孵化幼龍的化石，比較它們與
同物種成年翼龍的翅膀尺寸、肱骨大小和強度，發現小翼龍的翼展
大約 25 公分，但相當強壯、能夠飛行，骨骼足以揮動翅膀起飛，翅
膀形狀也適合動力飛行，而不只是滑翔。

恐龍胚胎

就像蜷縮的幼鳥。

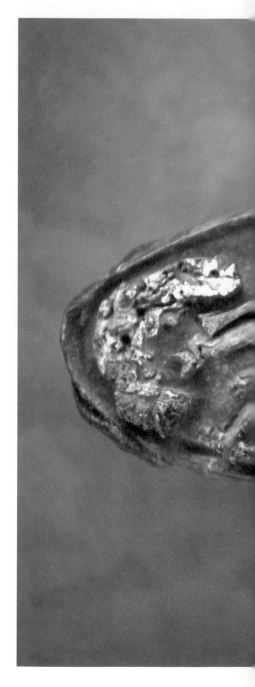

來認識一下我們保存完好的恐龍胚胎「英良貝貝」。這個不可思議的標本出土於中國江西省贛州，至少有 6,600 萬年的歷史。標本可以保存得如此完好精緻，很可能是因為突發的土石流掩埋了恐龍蛋。但這個標本更令人嘖嘖稱奇的，其實在於胚胎的姿勢。

這隻偷蛋龍寶寶（一種獸腳亞目恐龍）蜷縮的姿態與小雞即將孵化的姿勢相同，這是研究人員首次在恐龍化石中發現這種行為，稱為「蜷縮」（tucking）。小雞會將頭塞在右翅膀下方保持穩定，以便用鳥喙將殼破開。

這種蜷縮的姿勢是孵化成功與否的關鍵，古生物學家史蒂夫・布魯薩特教授（Steve Brusatte）解釋，「這隻出生前的小恐龍看起來就像是蜷縮在蛋裡的幼鳥，進一步證明了現在鳥類的許多特徵，最初都是從恐龍祖先那裡演化而來的。」（黃好萱譯）

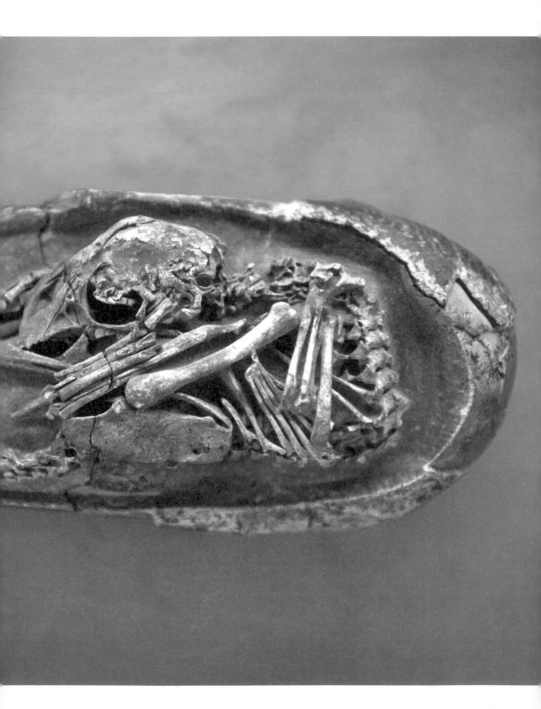

史前哺乳動物
在恐龍滅絕後體型增大

我們的祖先靠力量繁衍生息，而非大腦。

伯特蘭與早期哺乳類的化石頭骨。

英國愛丁堡大學的研究發現，在恐龍滅絕後的頭 1,000 萬年裡，哺乳類動物發展出了更巨大的身體，以應付地球上的巨變。為了探索這個議題，研究團隊用電腦斷層掃瞄了美國新墨西哥州西北荒原上出土的一系列哺乳類完整頭骨及骨架，這些哺乳類存活的時代在恐龍大滅絕後不久。

過去的想法認為，在 6,600 萬年前終結恐龍統治的隕石滅絕事件發生之後，哺乳類的大腦與身體尺寸的比例增加。從這個理論看來，在恐龍滅絕後的世界，較大的大腦讓史前哺乳類能夠善用任何新的機會。

然而，研究人員的發現顯示，哺乳類的相對大腦尺寸其實是先縮小，這是因為牠們的身體尺寸快速增大。掃描結果也發現，這些動物很仰賴嗅覺，而視覺與其他感官的發展程度相比之下則沒有那麼發達。

領導研究人員歐奈拉・伯特蘭博士（Ornella Bertrand）說，「維護較大的大腦代價高昂，如果對於取得資源並非必要，在隕

石撞擊後混亂且不穩定的情勢下，可能反而不利於早期胎盤動物的生存。」

　　直到恐龍滅絕約 1,000 萬年後，靈長類等早期的哺乳類才開始發展出更大的大腦及複雜的感官與動作技能。古生物學家史蒂夫・布魯薩特教授（Steve Brusatte）補充，「取代恐龍的哺乳類動物智力相當低落，數百萬年以後，許多哺乳類才在互相競爭並形成全新生態系的過程中發展出更大的大腦。」（陳毅澂譯）

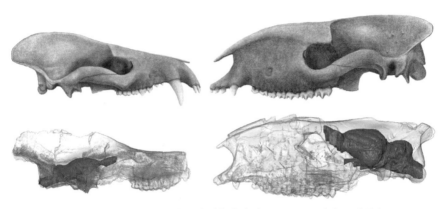

以電腦斷層掃描古新世哺乳動物熊犬（Arctocyon，左）及晚始新世哺乳動物貘犀（Hyrachyus，右），紫色區域顯示大腦的位置。

木乃伊化的小長毛象
重現世間

它是至今出土數一數二意義重大的木乃伊化冰河時期生物。

光彩耀眼的黃金固然令人欣羨，但對於古生物學家來說，一群礦工在加拿大西北部育空地區的永凍土中發現的結凍小長毛象無疑更振奮人心。

育空地質調查局和加拿大卡加里大學的地質專家團隊研究後，指出這隻命名為「娜楚卡」（Nun Cho Ga）的長毛象為雌性，目前已三萬多歲。娜楚卡在當地原住民克朗代克火欽人（Tr'ondёk Hwёch'in，又稱道森第一民族）的語言中為「大型寶寶動物」之意。

育空地區曾出土多件冰河時期的化石，但娜楚卡這種皮膚及毛髮完整無缺的木乃伊化動物相當罕見。事實上，這是北美洲至今出土保存最完好的長毛象遺骸，其發現地點為加拿大西北岸的克朗代克金礦田，那裡在 1890 年代曾是淘金熱的重要地點。

「一睹長毛象的盧山真面目是我這輩子的一大夢想。今天，這個夢想終於成真了！」育空政府古生物學家葛蘭特·扎祖拉（Grant Zazula）表示。「娜楚卡真是美極了，這是世上至今出土數一數二意義重大的冰河時期木乃伊化生物，我等不及要深入研究一番了。」

克朗代克火欽人的耆老和當地政府將協力保存並研究這份出土的木乃伊化長毛象。「對我們的民族來說，這是極具價值的出土發現，我們期待與育空當地政府合作，以尊重傳統、文化和律法的方式處理這些出土遺骸。」酋長蘿伯塔·喬瑟夫（Roberta Joseph）說，「感謝至今引領我們方向並為這隻長毛象取名的部落耆老。娜楚卡在此時選擇向我們顯露真身，我們必會滿懷敬意地對待她。」（吳侑達譯）

FIND OUT MORE

山裡的木乃伊

在安地斯山之巔，零下低溫、低氧氣濃度以及低溼度的環境造成了死在山區裡的人自然木乃伊化，讓印加人獻祭的三名孩童在獨特的狀態下凍結並保存下來。他們顯然是死後不久就遭凍結，並停止開始腐敗。科學家在分析其中年紀最大的孩童的頭髮後，顯示她生前不斷被施用藥物及酒精以保持沉睡。

尼安德塔人會説話

或許他們也具有聽和説的能力。

人類曾經以為自己所説的語言不同於地球上任何其他物種。但現在，科學家認為尼安德塔人也跟我們智人一樣，有聽和説話的能力。

「幾十年來，人類演化史的相關研究中，最重要的一個問題就是人類的溝通形式、口説語言是否也存在於任何一種人類的祖先身上？特別是尼安德塔人。」西班牙馬德里康普頓斯大學的胡安·阿蘇雅加教授（Juan Luis Arsuaga）這麼説道。

國際團隊在西班牙阿塔普厄卡的考古地點研究尼安德塔人、智人，以及尼安德塔人祖先的聽力。利用高解析度的電腦斷層掃描，研究人員為每一個人種的耳朵建立了虛擬的 3D 複製結構，藉以模擬他們能聽得最清楚的頻率。人耳可以聽到的頻率介於 20Hz 到 20KHz 之間，但人類的語音大多達 5KHz。在 4 至 5KHz 的頻段之

間，尼安德塔人的敏感度和智人相似，但比他們來自阿塔普厄卡的祖先要好。

研究人員同時也研究了每個人種的「占用頻段」，也就是耳朵最敏感的頻率範圍。占用頻段越寬廣，表示可以分辨的聲音範圍越廣，溝通起來更有效率。尼安德塔人的占用頻段和智人相似，但比他們來自阿塔普厄卡的祖先來得寬廣。尼安德塔人聽力所及的頻率，和人類語言的頻率相當，而他們來自阿塔普厄卡的祖先身上並沒有這種現象，說明尼安德塔人也具備說話的能力。

西班牙阿爾卡拉大學，率領這項研究的梅賽德斯·康德—瓦維德教授（Mercedes Conde-Valverde）表示，「尼安德塔人具備和智人相似的聽力，尤其是占用頻段，證實他們具備和現代人語言同樣複雜且有效的溝通系統。」研究人員相信，尼安德塔人甚至可能具備某種形式的語言，但這未必代表他們具備和遠古人類說出相同語言的心智能力。

這項研究的共同作者，羅夫·華姆教授（Rolf Quam）對這些發現深具信心，他認為，「這些結果清楚明白地指出，尼安德塔人具有感知及產生人類語言的能力。」（陸維濃譯）

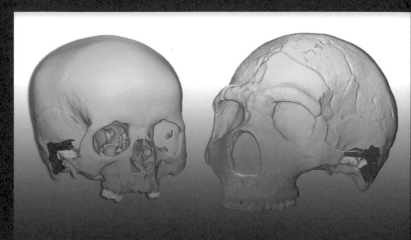

利用 3D 模擬的耳朵構造來比較早期人類（左）和尼安德塔人的聽力。

尼安德塔美食家
經常享用烤螃蟹

葡萄牙里斯本一處洞穴中發現的烤焦蟹殼
可進一步證明早期人類擁有精緻的文化。

尼 安德塔人曾被認為是行動遲緩、頭腦笨拙的野蠻人，但
過去 10 年間有越來越多證據指出，他們其實擁有豐富的
文化。他們是出色的獵人和工匠，有能力進行藝術創作，飲食也
很多元，還會吃煮熟的食物。

如今，西班牙加泰隆人類考古學及社會演化學研究所（IPHES-
CERCA）的研究人員發現進一步的證據，說明跟我們親緣關係最
近的尼安德塔人具備烹飪技術和敏銳的味覺。他們造訪一處位於
葡萄牙，曾是尼安德塔人居住的洞穴（Gruta da Figueira Brava
cave），在這裡的地層中發現了歷史可回溯至九萬年前，已經燒
焦的黃道蟹蟹殼。

「在前一次間冰期的尾聲，尼安德塔人會定期捕捉大型的黃
道蟹。」來自 IPHES-CERCA，領導這項研究的瑪麗安娜 · 納貝
博士（Mariana Nabais）說道，「他們在附近沿岸的潮池中捕
蟹，鎖定蟹殼平均寬度有 16 公分的成蟹，整隻帶回洞裡，放在
煤炭上燒烤後再食用。」

檢查這些剩餘的蟹殼和蟹爪後，研究人員推估這些螃蟹主要
是大型的成蟹，含肉量約有 200 公克。由於蟹殼上沒有刮痕或傷
痕，因此排除了凶手是嚙齒類動物或鳥類的可能性，研究人員認
為這些螃蟹很可能是尼安德塔人在夏季潮池中捕到的收穫。

此外，燒焦的蟹殼也說明了加熱溫度達到攝氏 300 至 500

度，比起常見的火焰烹飪溫度略高一些。

　　有理論認為，攝入海鮮使得早期智人大腦發展速度比尼安德塔人的大腦來得更快，但這項發現令人對此說法產生懷疑。

　　「尼安德塔人是原始的穴居人，只能靠著吃大型動物的腐肉維生是已經過時的見解，而我們的研究結果給了這看法致命的一擊。」納貝表示，「加上指出尼安德塔人大量食用帽貝、貽貝、蛤蜊和各種魚類的相關證據，我們的資料說明撒哈拉以南非洲地區早期現代人之所發展出優異的認知能力，與海洋食物並沒有重要關聯。」（陸維濃譯）

石器時代的新幾內亞人
會豢養鶴鴕

在雞被馴養的幾千年之前，人類會收集還沒孵化的鶴鴕蛋。

一項新研究發現，在 1.8 萬年以前，新幾內亞的人類會收集鶴鴕蛋，將其孵育出來並養育為成鳥，這表示雞可能不是人類最先馴養的鳥類。鶴鴕又稱食火雞，是一種原產於澳洲、印尼阿魯群島和新幾內亞的鳥類。

「鶴鴕不是小型禽鳥，而是一種體型大、不會飛、性格暴烈，可以把人開腸剖肚的鳥類。」研究的共同作者，於美國賓州大學鑽研人類學和非洲研究的助理教授克莉絲緹娜．道格拉斯（Kristina Douglass）這麼說。

石器時代的人類可能曾養育這樣的鶴鴕雛鳥。

如今，新幾內亞人依舊把鶴鴕雛鳥當成交易商品，這些雛鳥很容易對人類產生印痕行為（imprinting）。如果雛鳥第一眼看見的是人類，就會把人類當成母親，跟著人到處走。

　　研究人員研究了 1.8 萬年至 6,000 年前的蛋殼，來判斷蛋殼被敲開時裡面的雛鳥有多大。發育中的雛鳥可以從蛋殼中獲取鈣，到了發育後期，蛋殼內部會出現凹點。

　　藉著研究蛋殼，科學家證實大量的鶴鴕蛋是在雛鳥發育後期被打破的。雖然當時的人有可能把鶴鴕蛋當作鴨仔蛋（把接近發育完成的雛鳥帶殼煮熟的菜餚）來吃，但許多樣本並沒有燒過的痕跡，表示其中的雛鳥可能已經孵化。這一點特別重要，因為在人類史上，雞的馴養發生在這幾千年後。

　　「這件事的意涵相當巨大！」並未參與這項研究的古生物學家漢娜科・邁爾（Hanneke Meijer）說，「一般認為，雞是人類最先馴養的鳥類。雖然這件事發生的年代和地點，以及是單次事件或多次發生的事件，至今仍有很大的爭議，但這項研究顯示事實可能不是如此。」

　　研究團隊無法確定鶴鴕之於人類的功用為何，最初在這裡進行研究的考古學家並未發現人類將鶴鴕養在畜欄裡的證據。然而，在此地唯一發現的鶴鴕骨骼是小腿骨和大腿骨，表示人類獵捕鶴鴕後，把最有肉的部位帶回家。

　　「有證據指出，鶴鴕被遷移到附近的島嶼上，遷移雛鳥是最簡單的做法，因為成年的鶴鴕很凶猛。所以，鶴鴕很可能被人類視為一種食物來源。」邁爾說，「但人和鳥的關係通常牽涉許多層面，人類之所以圈養鳥類，可能是為了取得牠們的羽毛，或者是因為鳥類有一定的象徵意義和儀式角色，就跟今天的情況一樣。我也能想像，假使回到全新世早期的新幾內亞，可能會看到孩童追著鶴鴕雛鳥玩耍的畫面。」（陸維濃譯）

石製武器可能與
冰河時期的人們有關

北美地區目前已知最古老的石製鏢頭出土，
為我們對古代社會的觀察提供了新視角。

一般認為，這一批石製「尖狀器」（projectile point）被當
成鏢頭使用，比起過去任何在北美出土的相似物件的歷史
還要早 3,000 年。這項非凡的發現來自美國奧勒岡州立大學的考
古學家，他們利用碳定年法分析這些尖銳的人工製品，有助於填
補我們在早期人類如何製造並使用石製武器一事上的知識缺口。

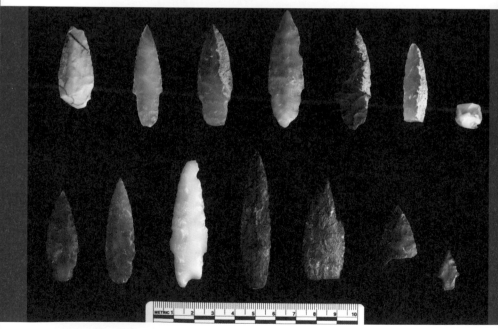

在美國愛達荷州庫珀渡口考古地點出土的古老尖狀物。

勞倫‧戴維斯（Loren Davis）是奧勒岡州立大學的考古學家，同時也領導發現這些尖狀器的考古團隊。他認為這是一項相當重要的發現，不僅因為物件的年代久遠，也因為它們和在日本北海道出土，歷史可回溯至 1.6 萬至兩萬年前的物件很相似。有人認為在冰河時期，東北亞和北美地區的人類在遺傳和文化方面，可能存在著相當早期的聯繫，而這些在現今美國愛達荷州庫珀渡口（Cooper's Ferry）出土的物件，確實支持了這項理論。

　　這些尖狀物（有些形狀完整，有些呈碎片狀）的長度介於 1.2 至 5 公分間，研究人員已證實它們的歷史可回溯至 1.57 萬年前，年代比先前在美國發現的具有凹槽的石製尖狀物更為久遠，也比庫珀渡口（鄰近鮭魚河邊）出土的任何相似武器還早了 2,300 年。

　　「從科學的觀點來看，這些發現為美洲最早期人類活動相關的考古紀錄，增添了重要的細節。」戴維斯這麼說，「認為『1.6 萬年前美洲就有人類出現』是一回事，但透過這些他們遺留下來，製作精良的物件來衡量這個說法，又是另一回事。」

　　這些尖狀物出土的庫珀渡口目前歸美國內政部土地管理局管理，但在過去，這裡曾是尼佩村（Nipéhe）的所在地，隸屬聶斯坡斯人（Nez Perce）的領域，他們是居住在太平洋西北地區的美洲原住民族。

　　「最早出現在美洲的人類具備生存繁衍所需的文化知識。其中有些知識體現在人們製作石製工具的方法上，就像在庫珀渡口出土的那些尖狀物。」戴維斯說道，「將這些尖狀物與在其他地點出土的同期或更早期的物件進行比較，研究人員得以瞭解人們之間透過怎樣的社交網絡來傳遞技術知識。」

　　研究人員是在 2012 至 2017 年夏季的挖掘行動中發現這些石製的尖狀物，兩端的形狀很明確，一端尖銳，一端為柄狀，整體為對稱的斜角形（邊緣為斜角形而非方形）。（陸維濃譯）

畢達哥拉斯誕生前，古巴比倫人使用畢氏定理已有千年餘

一塊泥板顯示古巴比倫人
使用畢氏三元數來測量精確的角度。

學生或許經常抱怨畢氏定理沒有實用性，但是一塊具有 3,700 年歷史的泥板顯示早在畢達哥拉斯寫下定理前，人們已經懂得將定理應用於生活中。這塊名為 Si.427 的文字泥板，呈現了古代土地勘測員如何透過幾何學來劃定精確的土地邊界。

Si.427 於 1894 年於伊拉克中部出土，在土耳其伊斯坦堡的博物館裡躺了超過一世紀，直到澳洲新南威爾斯大學數學家丹尼爾‧曼斯菲德博士（Daniel Mansfield）日前著手研究泥板，才發現了這個驚人的祕密。

「Si.427 能一路追溯至西元前 1900 至前 1600 年的舊巴比倫時期，「這是來自那時，目前唯一的地籍文件實例，也就是土地勘測員用來定義土地邊界的平面圖。」曼斯菲德說，「當時土地私有化的概念逐漸形成，人們對土地歸屬開始有你我之分，希望藉由劃定適當的邊界，建立和諧的鄰里關係。而這塊文物所展現的正是這樣的情況：一塊土地被分割，並建立起新的邊界。」

許多人對求學時期所學的畢氏定理應該不陌生：$a^2+b^2=c^2$，直角三角形的兩條短邊長度的平方和等於斜邊長的平方。畢氏三元數是一組符合這種關係的數組（通常是整數），像 3、4、5 或 5、12、13。任何邊長為這些數字的三角形都是直角三角形，有

助於畫出精確的長方形。製作出 Si.427 的勘測員使用了畢氏三元數來構成精確的直角，也成了目前已知最早的幾何學應用實例。

　　然而，古巴比倫人使用的數字系統與我們不同。我們目前使用的系統稱為十進位制，數字以百位、十位、個位來表示；巴比倫人則使用較為複雜的 60 進位制，類似於現今計時的方法（60 秒構成一分鐘，60 分鐘構成一小時），但這也意味著只會用到部分畢氏三元數的形狀組合。

　　「沒人想過巴比倫人是以這種方式使用畢氏三元數，它更接近純數學，想必是為了解決當時日常生活中的問題。」曼斯菲德解釋，「這塊泥板的發現和分析對數學史研究具有重要意義，像是它的年代比畢達哥拉斯出生早了一千多年。」（王姿云譯）

Si.427 是目前已知最早的幾何學應用實例，比鑽研三角形的畢達哥拉斯要早了一千多年。

歐洲人因饑荒與疾病
演化出乳糖耐受性

**人們以往認為乳牛養殖是推動乳糖耐受性演化的因素，
如今此論點已被推翻。**

英國倫敦大學學院和布里斯托大學的研究發現，在大多數人演化出消化乳糖必備基因的數千年前，史前歐洲的成年人就已經開始飲用牛奶。研究人員仔細研究 9,000 年前的 DNA 和考古紀錄，認為偶發的飢荒和疾病會週期性地淘汰乳糖不耐症的族群，因此推動保護性基因的演化。先前人們以為歐洲人只是在開始飼養奶牛之後才出現一種基因，讓他們成年後不會因飲用牛奶而產生不良反應。

為了消化乳糖，我們的腸道必須產生乳糖酶。幾乎所有嬰兒都能做到這點，但全球大多數人的乳糖消化能力都會隨著成年逐漸退化。持續分泌這種酶的能力被稱為乳糖酶持續性（lactase persistence），世界上大約三分之一的成年人都有，其中包括歐洲的大部分人口。

無法產生這種酶的人若是喝下牛奶，乳糖會進入他們的大腸，造成痙攣、腹瀉和腸胃脹氣，也就是所謂的乳糖不耐症。雖然乳糖不耐的症狀令人不適，但幾乎不會致命。然而，要是發生飢荒或疫病，營養不良的人就有機會因乳糖不耐症吃盡苦頭。這很可能是推動乳糖耐受性演化的原因。

「若你身體健康，但沒有乳糖酶持續性，這時要是喝下很多牛奶，你也許會感到些許不適，但不會就這樣送命。」布里斯托大學的共同作者喬治‧戴維‧史密斯教授（George Davey Smith）

表示，「但如果你嚴重營養不良，加上腹瀉，就可能會有生命危險。史前人類要是遇上莊稼欠收，就更有可能飲用未發酵的高乳糖牛奶，而正是此舉造成的風險最高。」

此一發現是幾個不同團隊合作研究的成果，各團隊分別負責處理不同的議題。首先，布里斯托大學化學學院教授理查·埃佛謝教授（Richard Evershed）領導一支研究團隊，從 500 多個考古遺址的陶器碎片中收集到近 7,000 種有機動物脂肪殘留物，並組成一個資料庫，用於了解人類於何時與何地飲用牛奶。他們發現，自從約 9,000 年前人類開始養殖乳牛起，人類就經常飲用牛奶，但不同地區的不同時期也曾出現波動。

再來，倫敦大學學院的馬克·湯瑪斯教授（Mark Thomas）則領導另一支團隊，從 1,700 名史前歐洲人和亞洲人的 DNA 序列中尋找乳糖酶持續性的基因變異。他們發現，基因變異大約於 5,000 年前首次出現，並於 2,000 年後達到了相當高的水準。他們還發現，這種基因在牛奶消耗量增加的時期並沒有比較常見，而長久以來，人們一直認為乳牛養殖是推動乳糖酶持續性演化的因素之一，該研究則推翻了這個論點。

最後，湯瑪斯的團隊比較疑似飢荒或疫病期間的乳糖酶持續基因變異情形。他們發現此基因於這類時期變得更加普遍，表示飢荒和疫病是演化的關鍵因素。（黃妤萱譯）

以務農維生的史前人類若是遇上莊稼欠收，就很可能改為食用乳製品。

人類上萬年來一直都會攝取牛奶及其相關製品。

滑鐵盧戰歿士兵遺骸可能變成了肥料

儘管戰地上有數千名士兵喪生，卻鮮少發現人類遺骸。

時隔 19 世紀拿破崙的滑鐵盧敗仗已兩百多年，英國格拉斯哥大學的研究人員發表了一篇研究，認為喪生士兵的骨骸被當作肥料販售。研究人員是在仔細檢視一批新發現的在拿破崙戰敗不久後所記錄之戰場圖畫和書面描述後，做出這個駭人的結論。這些記敘共描述了三個大型墳塚的精確位置，裡面所包含的遺骸超過 1.3 萬具。然而，率領這項研究的東尼‧波拉德教授

在滑鐵盧之役戰死的士兵，其骨骸可能被磨碎做成肥料。

（Tony Pollard）表示，在這些地點從來沒有可靠的紀錄指出有大型墳塚（也就是亂葬崗）的存在。

事實上，目前為止只發現了少數戰地遺骸，包括 2015 年在事發地點建造博物館時發現的一具骨骸，以及 2019 年開挖野戰醫院時發現的截肢腿骨。由於同一時期的幾篇報紙文章中提到了從歐洲戰場掠奪人骨做成肥料的可怕做法，波拉德懷疑這件事很可能發生在滑鐵盧。

「歐洲戰場可能提供了方便的人骨來源。以人骨磨成的骨粉是一種有效的肥料，而不列顛群島是這種原料的主要市場之一。」波拉德這麼說，「戰事一平息，滑鐵盧幾乎立刻就引來造訪者。許多人來是為了偷取死人的財物，有些人甚至偷了牙齒做假牙，還有人只是來觀察究竟發生什麼事。」

「骨粉供應商業務人員很有可能帶著極高的期望來到戰場，希望有所收穫。大型墳塚是他們主要的目標，因為裡面有足夠的屍體，值得開挖掠奪人骨。」如今，波拉德計畫在該地區展開一項前所未見，可能持續好幾年的地質研究。

「下一階段的任務就是前往滑鐵盧，試著分析早期造訪者對這裡的描述，進而繪製出墳塚的位置。」波拉德說道，「如果真的有人以我們所提出的規模挖掘人類遺體，那麼至少在某些情況下，應該會找到開挖坑洞的考古學證據，然而這些坑洞可能已經被截斷或是難以分辨。」（陸維濃譯）

FIND OUT MORE

來種樹吧！

遺體火化後，只要把骨灰撒在土壤上，即可充當一般肥料。但若想更具體的運用，不妨考慮將骨灰放進「生態骨灰甕」（Bios Urn），這是一種裝滿土壤且能進行生物分解的甕，可用於培養種子。

埃及神殿古神祇壁畫出土

清除塵土和煤灰以後,精巧雕刻便顯露無遺。

克努姆神殿(Temple of Khnum)位於埃及古城路克索(Luxor)附近的伊斯納,德國和埃及的研究人員日前從該神殿的牆壁和天花板上發現了畫作和銘文。

描繪著幾位古神祇形象的這些繪畫被塵土和煤灰覆蓋了近兩千年,這有助於保存它們的細節完美無缺。

「神殿和古神祇的繪畫常以鮮麗的色彩呈現,但經常因為外在因素而褪色,甚至完全消失。」德國圖賓根大學教授、首席研究員克里斯汀‧萊茨教授(Christian Leitz)表示,「這是我們第一次能看到所有互相關聯的裝飾性元素。」

研究人員從 2018 年展開作業,目前已整理完神殿天花板的一半,以及 18 根柱子中的 8 根。(王立柔譯)

1

1 修復人員正在整理克努姆神殿橫樑上的精采繪畫和浮雕。

2 神殿中央天花板上描繪著 46 隻禿鷲，這是其中兩隻：中間是禿鷲頭女神奈赫貝特（Nekhbet），下面是眼鏡蛇頭女神瓦潔特（Wadjet）。

3 這是擁有朱鷺頭的埃及智慧、月亮和科學之神托特（Thoth）。不要錯過這幅作品的細節。

4 修復人員悉心清理神殿的柱子，去除累積了兩千年的塵土和煤灰。

科技與 AI

讓機器人送上
一杯雞尾酒

你甚至不需要留下小費。

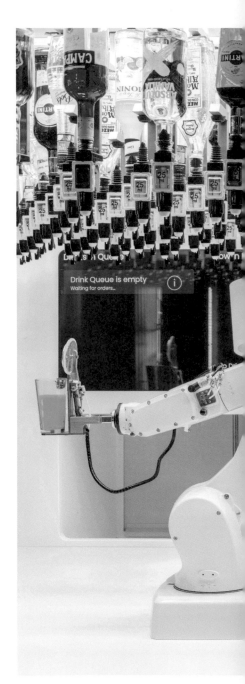

要是有機會造訪新加坡樟宜機場，不妨讓這對機械手臂為你端上免費飲料。

在機場免稅店裡，機器人調酒師托尼（Toni）會從天花板上懸掛的 150 瓶酒裡挑選樣品讓你品嚐。你得先在智慧型手機上安裝 Makr Shakr app，接著就能開始調配自己的雞尾酒。

這副由德國機器人公司庫卡（KUKA）打造的機械手臂不必在工廠裡一輩子賣命，還配有一套雷射掃描器，可以處理精細確實的動作，像是拿取玻璃杯和製作伏特加馬丁尼，一如詹姆士・龐德（James Bond）的名言，「用搖的，不要攪拌（shaken, not stirred）」。

怕你好奇，就再告訴你一下：萬一有醉酒的顧客溜到酒吧後面，托尼就會瞬間停止所有動作，以確保不會傷害到人。（黃妤萱譯）

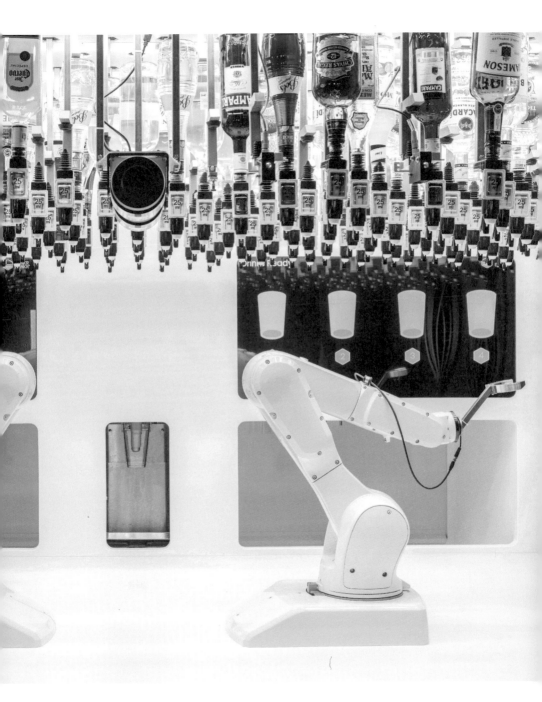

釀酒廢渣藉助微生物之力變成食物和燃料

再度壓榨渣滓，擠出剩餘價值。

無論你喜歡口感爽脆的波西米亞風皮爾森啤酒、帶有燒炙口感的烈性黑啤酒，還是帶有大麻味的美式印度淡色愛爾，這些風格各異的啤酒都有一大共通點：生產過程會製造出大量穀物和大麥殘渣。

傳統上來說，這些釀酒副產物不是當作牲畜飼料，就是直接掩埋。不過美國維吉尼亞理工學院暨州立大學的研究團隊已發明一種創新技術，可以提取穀渣的營養素和纖維，並用於新的食物來源和生質燃料。

在釀酒所產出的廢物中，穀渣約占85％，其中有30％是蛋白質、70％是纖維，適合牛隻食用，但人類難以消化。「相較於其他農業廢渣，穀渣所含的蛋白質比例很高，所以我們試著找出新方法提取並利用這些蛋白質。」

維吉尼亞理工大學的研究生何豔紅（Yan hong He，音譯）表示。研究團隊為了將穀渣變得更有用，決定跟地方釀酒廠合作，開發出一種利用鹼性蛋白酶處理並篩分穀渣的方法，將穀渣分離為蛋白質濃縮物和富含纖維質的粉末。如此一來，研究團隊可以從穀渣中提取出80％以上的蛋白質。起初他們提議藉此創造出便宜且永續的食物來源，供給蝦類養殖場使用，但考慮到越來越多人轉戰植物性飲食，他們也思考能否將穀渣轉化為不同食物中的替代蛋白質來源。

維吉尼亞理工大學的另一支研究團隊則採用最近在黃石國

家公園泉水中發現的地衣芽孢桿菌（*Bacilluslic heniformis*）來處理穀渣的纖維質，將不同的糖轉化為 2,3- 丁二醇（2,3-butanediol），也就是可用於製作生質燃料、合成橡膠和塑膠原料等多種產品的化合物。（吳侑達譯）

釀酒的穀渣將獲得新生。

機器狗從跌倒中學習走路

它倒下後又反覆站起，跟野生動物的寶寶一樣。

機器狗莫提（Morti）踏出「狗」生第一步後，短短一小時左右便自行學會如何走路。它的學習方式跟野生動物一樣，從跌撞跟蹌中了解如何維持四肢平衡。

莫提的研發團隊來自德國的馬克斯普朗克智慧系統研究所（Max Planck Institute for Intelligent Systems），他們希望藉此計畫了解動物如何學習走路。該研究的第一作者兼博士生費利斯·盧伯特（Felix Ruppert）表示，莫提有助於測量四肢的力量、扭轉力和肌力，畢竟要用活體動物測量這些數據有其難度。當盧伯特和研究團隊打造這隻大小接近拉不拉多犬的機器狗時，首先要用電腦模擬動物和人類學習走路的機制。

走路和眨眼及呼吸一樣，都是反覆執行相同肌肉運動的韻律性任務。這些任務並非在大腦中協調完成，而是由名為「中樞模式發生器」（Central Pattern Generator）的神經網路掌控。負責走路的中樞模式發生器位於脊髓，原因是脊髓為控制腿部肌肉收縮並幫助我們邁步前進的樞紐所在。我們因為地面凹凸不平而跟蹌時，不會立刻停止走路動作，這是因為脊髓的中樞模式發生器無須跟大腦確認如何繼續前進，即可控制腿部的反射動作。研究團隊為莫提設計了一套模擬脊髓的演算法，幫助它學習走路。

莫提安裝基本的中樞模式發生器後，即被放上一台跑步機。這時的莫提還不曉得如何走路、無法辨認自己身處何種空間，也不知道抬起一條腿後，要多遠才能放下並抬起另外一條腿，一切都如初生小鹿般笨拙不協調。

「電腦會傳遞訊號來控制莫提腿部的馬達。它一開始腳步虛

浮不穩，但等到腿部的感測器回傳資料至虛擬脊髓後，學習演算法會比較感測器回傳的資料及中樞模式發生器的資料，要是感測器資料不符合預期，演算法便會改變走路行為，一直到走路無礙為止。」盧伯特解釋。

其他會走路的機器人往往需要精密複雜的控制系統，並動用數百瓦特的功率，但莫提只需要五瓦特即可運作，相較起來更有效率。莫提不僅推進了業界的機器人技術，也有助於回答研究者關於動物運動方式的許多問題。

「是什麼驅使動物學習走路？肌肉的最佳運作位置為何？腿應該有多長？每次的步伐要多遠？或者更廣泛來說，為何動物的神經傳導明明存在延遲，移動技巧卻如此出色？為何我們無法讓機器人重現這種能力？」盧伯特表示，「像莫提這些效法動物所打造的機器人將有助於我們了解生物力學，並解答種種未知疑問。」（吳侑達譯）

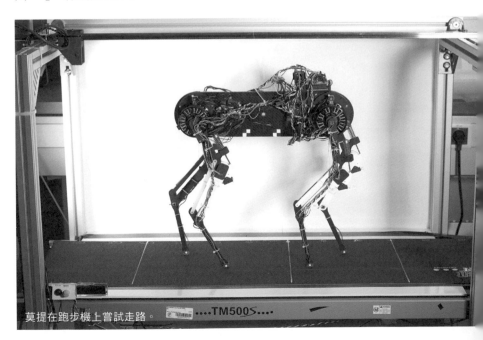

莫提在跑步機上嘗試走路。

會流汗的機器人

揮灑汗水，走更長遠的路。

腱悟郎（Kengoro）是一台很酷的機器人，不論從任何意義上而言都是如此。它是由日本東京大學資訊系統工學實驗室（JSK Lab）打造，可以盡可能地模仿人類的動作。腱悟郎擁有類比式肌肉骨骼系統，能做出伏地挺身、仰臥起坐及以腳趾站立等動作，但這些運動還會促成腱悟郎最像人的特徵：流汗。

腱悟郎的骨骼能透水，因為它的3D列印「骨頭」裡有許多微小的管道。在運動時，骨頭裡會排出水，並以蒸發替機器人散熱。流汗使腱悟郎可以連續做 11 分鐘的伏地挺身，這超過大多數人類的極限，更別提機器人了。

英國倫敦大學學院的電腦科學家彼德・賓利博士（Peter J. Bentley）表示，「像腱悟郎身上以生物為靈感的科技，將能使我們做出更優秀的關節替代物，使身體功能可以保持更久。」（常靖譯）

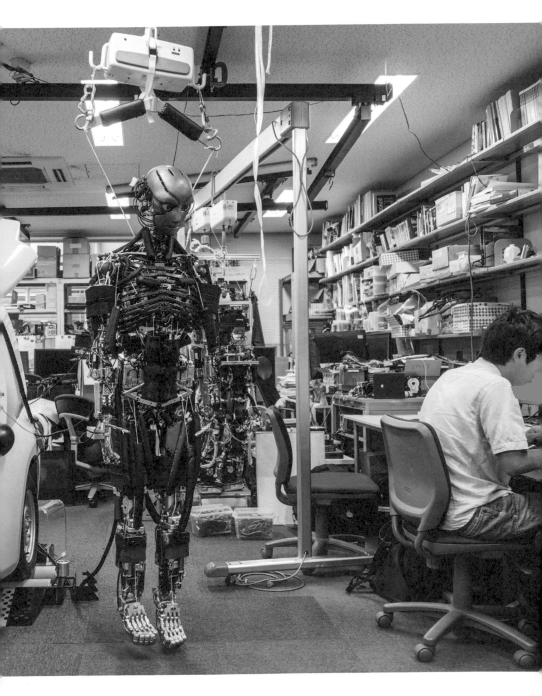

仿北極熊爪的抓地輪胎

**熊爪墊上的細微結構可以產生摩擦力，
讓牠們冰天雪地中自由移動。**

美國俄亥俄州艾克朗大學的跨學科研究團隊找出一種方法，讓民眾在雪地上開車變得更輕鬆，那就是根據北極熊的爪墊結構來設計輪胎。

「我們有個進行多年，以冰為主題的計畫。」參與研究的阿里·迪諾吉瓦拉教授（Ali Dhinojwala）說道，「我們一直在研究材料的摩擦力，因為我們跟國家合作，需要研發一種在結冰及積雪道路上抓地能力很強的輪胎。」

研究團隊轉向自然界尋求靈感，他們認為演化作用可能早已找出解決問題的方法，而人類可以透過科技來複製這種方法，也就是所謂的仿生技術（biomimicry）。北極熊顯然是很好的觀察對象，尤其是牠們爪墊表面上稱為乳突（papillae）的細微突起。團隊想找出乳突提供了什麼樣的功效，讓北極熊能夠在冰天雪地裡快速移動。

為此，研究團隊針對北極熊、棕熊和美洲黑熊（兩者為北極熊近親），以及馬來熊（主要出沒於亞洲的北極熊遠親）的爪墊採集樣本。

「新冠疫情期間，實驗室停擺，我也因此有機會跟全國各地的許多科學家及環保人士取得聯繫。」曾是參與此項研究的博士生，如今在普利司通輪胎製造商任職的內森尼爾·歐道夫博士（Nathaniel Orndorf）這麼說，「我聯絡了博物館、標本製作師和許多其他人，以收集並觀察熊爪墊的實際樣本和複製品。」

研究團隊利用掃描式電子顯微鏡將樣本進行成像，藉以製造

北極熊的爪墊面積雖然比其他大型熊類來得小，但卻在結冰及積雪等摩擦力低的表面上提供了更好的抓地力。

3D 列印的複製品，再於實驗室中進行雪地測試。他們發現，即使北極熊的爪墊面積比其他熊類來得小，但牠們爪墊上的乳突較長，在雪面上行走時可提供較好的摩擦力。

如今，研究團隊想要瞭解可能產生影響的其他因素，像是乳突的排列方式和整體輪廓。迪諾吉瓦拉表示，「觀察雪胎可以發現雪胎的胎紋確實較深，但這項研究還展示了設計輪胎的各種方式，這可能帶來更大的影響。」（陸維濃譯）

關於北極熊

北極熊皮膚是烏黑色的，但毛髮其實是透明的。北極熊之所以呈現白色是因為毛髮反射了光線。

公熊的體型是母熊的兩倍，體重可高達 800 公斤，將近英國男人平均體重的 10 倍。

北極熊的嗅覺極佳，可以偵測到一公里外的海豹氣味。

1Km

新飛機設計的靈感
來自鳥在強風下的飛行

貓頭鷹將翅膀當作懸吊系統，保持身體的穩定。

鳥類一直都是航空業許多科技的重大靈感來源，但人類的飛機還是沒辦法追上鳥類在風暴中穩定筆直飛行的能力。然而，英國布里斯托大學和皇家獸醫學院的研究團隊已發現鳥類對抗與自己飛行速度一樣快的風時，所使用的秘密武器。

「自從萊特兄弟製造並試飛第一架動力飛機以來，我們已經飛行超過 100 年了。他們知道產生足夠的升力是一大挑戰，但比起讓飛行穩定、保持控制，那還算是簡單的部分。」本研究的作者之一，皇家獸醫學院的理察‧朋佛瑞博士（Richard Bomphrey）表示，「他們找到了不錯的方法來控制萊特飛行者號，就是用鋼纜來讓機翼扭轉。可是從那時之後，我們就開始打造硬式機翼的飛機，主要是因為這樣比較容易做各種計算。硬式機翼比較好製造，其行為也更容易預料。」

朋佛瑞說，這樣的設計適合某些最適合硬式機翼的飛行狀況，但如果要改善強風中的飛行表現，一種以生物為靈感的不同設計就會更好。這個團隊為了瞭解鳥類如何應對風，而觀察了一隻蒼鷹、一隻草原鵰、一隻灰林鴞與一隻倉鴞。倉鴞名為莉莉（Lily），是團隊在《皇家學會報告 B 系列》（Proceedings of the RoyalSociety B）所發表文章的主角。

「我們打造了一具陣風產生機，以便設定風速與風向，然後再鼓勵莉莉飛到我們想要牠去的地方。」朋佛瑞說道，「我們在牠身上裝了一些高速攝影機和動態捕捉攝影機，讓我們能進行所謂

的立體攝影測量
術，也就是用一對攝
影機取得三度空間形狀的
方法。」團隊透過這些攝影機
觀察莉莉，發現牠在飛行中將自己的翅
膀當作懸吊系統使用，保持頭部和軀幹
的軌跡穩定。

「翅膀達成這種功能的方法還滿優雅的，
對於會玩球拍或球棒類運動的人應該不陌
生，那就是『甜蜜點』的概念。」朋佛瑞
說，「假設你在打板球，在很重的球落下
的同時，你用球棒的末端打到球，那球棒
就會從你的手中往前彈出去；如果你擊球
的位置是在把手旁，那球棒就會被往後推。
這告訴我們，這兩個地方之間有一個甜蜜點，可
以在擊球的同時不讓球棒往前或往後抖動。如果你運氣
好，用這個地方打到球，擊球的過程就會很輕鬆。」

朋佛瑞解釋，鳥的翅膀就像球棒，而陣風就像是球。在變化
多端的天候中，鳥會以肩膀為軸轉動翅膀，讓陣風擊中甜蜜點，
並使所有的力與力矩在肩關節的地方抵消。翅膀會動，但身體不
動。團隊認為這樣的知識能啟發航空業想出新的設計，先從小規
模無人機開始，最後再影響到客機。

「這種科技其實已經完全準備好上路了，因為這是我們在鳥類
身上觀察到的現象。關鍵在於要做出轉軸，而且方位都要對好，
這點可以透過移動質量所在的位置來解決。」朋佛瑞說，「我們
其實已經用玩具滑翔機做過一些原型，用來示範我們在鳥類身上
觀察到的相同原理，並成功在實驗室內排除大約 40% 風力相同的
陣風，而且機上完全沒有搭載任何電腦。」（常靖譯）

偷師海星的超輕盈、超堅韌材料

人類總能從大自然的鬼斧神工裡獲得創意。

美國維吉尼亞理工學院暨州立大學的研究人員在出沒於印度太平洋的原瘤海星（*Protoreaster nodosus*）外骨骼上，發現一種前所未見的神奇結構，讓海星既輕盈又堅固。科學家認為，海星演化出獨特的骨骼結構是為了抵禦掠食者。

如果能成功複製海星的結構，就可以幫助工程師創造新的合成材料，日後用於航空乃至建築等領域。雖然結構的主要成分是方解石（一種碳酸鈣結晶，通常像粉筆一樣易碎），但海星骨骼的複雜結構卻讓牠們輕盈、靈活又強韌。

「這種近乎完美的微晶格在自然界中從來沒被報導過，也沒有合成過。」機械工程系助理教授暨研究主持人李靈說，「我們的最終目標是從大自然汲取靈感，開發出既堅固又耐磨的多孔材料。」（王姿云譯）

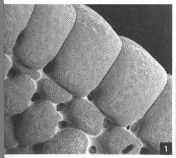

1 海星骨骼的放大圖。

2 李靈拿著一個真正的多節海星外骨骼樣本。

3 多節海星本尊看來有點怵目驚心。牠們能長到 30 公分寬，表面排列著黑色的大型角狀突起。牠們還有個外號叫做巧克力脆片海星，或許聽起來比較平易近人。

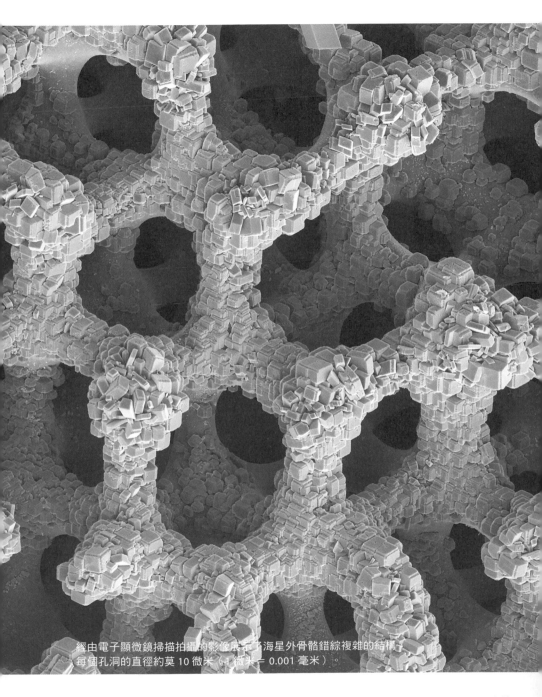

經由電子顯微鏡掃描拍攝的影像展示了海星外骨骼錯綜複雜的結構，每個孔洞的直徑約莫 10 微米（1 微米＝ 0.001 毫米）。

可柔可剛的智慧型織料

這種新發明可用於外骨骼裝或固定斷骨的石膏。

在《蝙蝠俠》（*Batman*）系列電影中，蝙蝠俠的披風有個厲害的招數，大多時候它跟一般披風沒什麼兩樣，但如果蝙蝠俠需要快速脫身，即可化作滑翔翼，帶著他沒入黑夜。這披風前一秒仍隨風擺動，下一秒就變得硬挺無比，足以帶人翱翔天際。這項科技看似奇幻，但美國加州理工學院（Caltech）和美國噴射推進實驗室（JPL）的專家已將其化作現實。

這種紡織材料的靈感來自鎖子甲，平時可以折疊，且呈流體

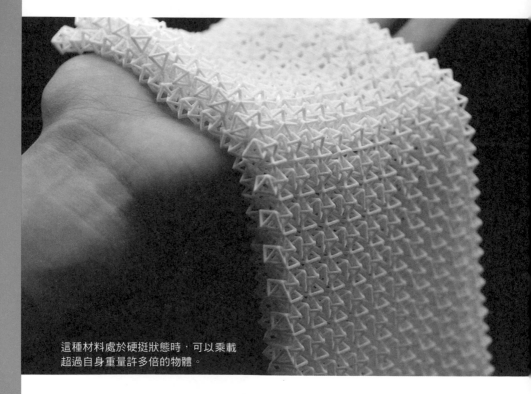

這種材料處於硬挺狀態時，可以乘載
超過自身重量許多倍的物體。

狀，但只要施加壓力，即會變成特定的固態形狀。研發團隊希望這種智慧型織料可以用來製作外骨骼裝，或是當作石膏來固定傷患的骨折處。

加州理工學院機械工程暨應用物理教授奇亞拉・達拉伊奧（Chiara Daraio）表示，「想像一下放在真空包裝中的咖啡豆吧。包裝完好時，這些透過『擠壓』（jamming）過程封裝的咖啡豆呈現固若金湯的狀態，但包裝一旦打開，咖啡豆便會如液體般傾洩而出。這項技術背後的物理原理就是這樣。」

研發團隊為了找出「靜置時最柔韌、受壓時最堅固」的鎖子甲結構，用 3D 列印製作出多個織料粒子模型，並用電腦一一模擬測試，最後發現粒子之間的平均接觸次數越多，例如環形或正方形模型，其柔韌度和堅硬程度之間的差異就越大。在一次模擬測試中，該織料模型甚至可以支撐比自身要重上 50 倍的負載。

在另一項平行研究中，達拉伊奧的團隊正深入研究加熱後會縮小的聚合物鏈。這種聚合物鏈可以進一步織入新型的鎖子甲結構，創造出更堅固且可在不需要時摺疊收起的物件，譬如移動式橋樑。達拉伊奧也表示，這兩種材料組合可以打造出型態百變的機器人，用於解決不同的問題。（吳侑達譯）

智慧型材料

冬暖夏涼的織料
美國麻省理工學院自組裝實驗室的研究團隊研發出「可以因應天氣」的紡織材料。這種織料遇冷會緊縮，遇熱則會擴大縫隙以便透氣，相當適合變化多端的氣候。

可調式尾翼
碰到高溫或水會變形的碳纖維是足以因應不同環境的強韌材料。有些街頭賽車即裝配可視雨勢開關的尾翼，在地面溼滑時產生更多下壓的力量，進而增加後輪的抓地力。

未來農場

能源更省、產量更大。

美國舊金山的農業新創公司豐足農業（Plenty）希望透過創新的垂直農場解決持續升高的食物需求。由於垂直農場位於室內，就不須使用過多殺蟲劑，農作物也不會受到極端氣候傷害。人工智慧用以控制種植、溫度、溼度及光照，並學習增加農產量。豐足農業表示他們所使用的土地比一般的農場少 99%。

位於英國布里斯托的茁壯農業（LettUs Grow）也使用軟體營運室內垂直農場。「未來垂直農場將能讓我們控制農作物的形態及香氣，創造設計培養生物製藥的機會，比如用植物製造疫苗。」茁壯農業的科學家安東尼・達德博士（Antony Dodd）說。

目前，溫度及光線控制系統讓垂直農場的環保效能受限，但豐足農業及茁壯農業都表示將會使用可再生能源，讓垂直農場「完成能源循環」。（陳毅澂譯）

Google 使用人工智慧
預測未來兩小時的天氣

即時預報有助於英國預期災難性降雨事件。

隨著可以取得的資料越來越多，天氣預報的準確性也越來越高，但整體來說，天氣預報仍是相當不準確的科學，常常導致人們穿錯衣物或忘記帶上雨具。Google 設立於英國倫敦的 DeepMind 人工智慧實驗室因此打造出一套人工智慧預測系統，希望更精準地判斷接下來兩小時內的降雨可能性，也就是「即時預報」（nowcasting）。

傳統上，氣象專家是使用數值天氣預報（numerical weather prediction，NWP）系統來做天氣預報。這種系統透過複雜的數學方程式判斷未來的大氣條件，最遠可預測未來兩週的天氣，但對兩小時以下的短期預報較無能為力。

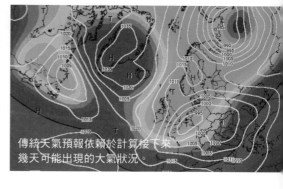

傳統天氣預報依賴於計算接下來幾天可能出現的大氣狀況。

即時預報如何運作？有鑑於氣候感測技術日漸進步，量測地面降雨量的高解析度雷達可以更高頻率地提供資料。DeepMind 將這些資料與機器學習結合，進而更準確地預測即將到來的中至大型降雨事件，包括雨量、時間點和地點。

投入降雨即時預報研究的團隊並非只有 DeepMind，但他們採用的預測系統在統計上顯著較佳。該系統會取得過去 20 分鐘的地表水資料，並用雨量的深度生成模型預測未來 90 分鐘的可能天氣。

DeepMind 還利用 2016 至 2018 年間雷達所記錄下來的英國降雨事件資料來訓練其深度生成模型，現在一秒左右即可產出即時預報。英國氣象局有 50 多位氣象專家表示，相較於其他即時預報系統，他們在 89％的案例中會優先選用 DeepMind 的預報系統。DeepMind 資深研究員沙德．穆罕默德（Shakir Mohamed）談到前陣子登上《Nature》期刊的研究時表示，「這項試驗的確展現出人工智慧是強大的工具，讓預報員能專注分析天氣預報對現實生活的影響，不必花一堆時間檢閱越積越多的預測資料。這項發現有助於減緩氣候變遷帶來的負面作用，協助大家適應不斷改變的天氣型態，甚至可能拯救生命。」（吳侑達譯）

AI 科學家

蛋白質摺疊

若要了解蛋白質的作用，必須先了解其結構。數十年來，科學家一直試圖根據蛋白質的組成物（胺基酸）來預測其結構，但過程可說是困難重重。然而，DeepMind 的人工智慧網路 AlphaFold 以驚人的準確度解決了這道難題。

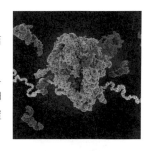

野生動物大調查

想花一整天計算從外太空拍下的照片中有多少隻海象嗎？你不想，我們也不想，所以英國南極勘測科研組織訓練人工智慧從衛星圖像中來監測動物群體的數量。

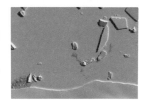

重寫歷史

大英圖書館的國家報紙檔案庫與圖靈研究院合作訓練人工智慧來閱讀其館藏，將檢閱館藏報紙及其他數據資料，嘗試尋找在工業革命後所發生的趨勢和主題，追蹤社會和文化方面的變化。

執貝多芬之筆，人工智慧完成未竟的第十號交響曲

聽聽美國紐澤西州立羅格斯大學電腦科學教授電腦科學家艾哈邁德・埃葛摩（Ahmed Elgammal）如何攜手歷史學家、音樂學家和作曲家，教導人工智慧模仿貝多芬譜曲。

貝多芬在 1827 年辭世，身後留下尚未完成的《第十號交響曲》，僅存少數手稿，多半仍是不甚完整的想法或寥寥數段旋律和曲調。

如今，美國羅格斯大學的新創公司「Playform AI」召集了一批跨領域團隊，設法訓練人工智慧（AI）模仿貝多芬的作曲風格，並利用當初留下的手稿重現交響曲全貌。

有多少貝多芬的手稿可用？

貝多芬留下的手稿大多是音樂草稿，但也有部分是書面筆記。不過貝多芬留下的東西實在不多，基本上是東一個小節、西一個小節，還有一些初步草稿，差不多是幾個貝多芬想要譜寫樂章的主旋律起始點。

古典作曲家往往都是這麼譜曲：先找出一段主旋律，接著發展成幾分鐘長的曲子，再迎來另一段主旋律。

這是傳統的作曲方式，也是 AI 必須學習的事物：貝多芬和其他古典作曲家如何找出一段主旋律並依此開枝散葉。譬如《第五號交響曲》就是先來一段「登－登－登－登」，再據此延伸出一整個樂章。

如何訓練 AI 憑著單單一個母題（motif）便延伸創作出有趣的旋律？

我們撰寫電子郵件時，電腦會預測接下來的內容，跳出自動建議字眼。同理，AI 會從大量音樂資料中分析學習，並根據過去資料判斷下一個音符該是什麼。要是可以預測下一個音符，就可以再預測下下個音符，依此類推，主要概念就是如此。

不過，如果每次電腦建議用什麼字，我們就用什麼字，完全遵照 AI 指示寫作，那麼沒多久情況便會急轉直下。音樂也是一樣，如果只給 AI 一個起頭，它或許可以預測接下來幾個音符，但再來就會變得難以理解，而且不再忠於主旋律。

這正是挑戰所在：該怎麼讓 AI 忠於主旋律來譜曲創作呢？我們必須與人類專家合作為許多音樂做標記與註釋，進而讓 AI 了解這些音樂的主旋律和後續開展。基本上，AI 得跟學生一樣學習。如此一來，AI 確實更可以忠於主旋律創作。

訓練期間是只給 AI 聽貝多芬的曲子，還是也有聽其他作曲家的作品？

貝多芬本人只寫了九部交響曲，相較於 AI 所需完成的任務，這些資料實在不多。解決方法是想像自己是年輕時期的貝多芬，當時的他會聽哪些音樂呢？我們把第一個版本的 AI 當作是生活在 18 世紀的人，用巴哈、海頓和莫扎特等人的巴洛克音樂進行訓練，第一代的 AI 就是如此誕生。接下來再找出貝多芬長大後

所譜寫的奏鳴曲、協奏曲、弦樂四重奏和交響曲,進一步訓練AI。

我們首先訓練 AI 一次產出兩段音樂,而非譜寫一整首交響曲,隨後由另一個 AI 檢視這些音樂,並學習如何編曲。我想這跟人類的學習軌跡相去不遠:你要是沒有上過國中小和高中,很難融會貫通大學所教的科目。凡事都是按部就班、循序漸進。

怎麼讓 AI 憑一段旋律就模仿貝多芬譜寫出一首交響曲?

我們編曲的方式跟利用 AI 翻譯差不多。Google Translate 或其他 AI 在翻譯某語言的語句時會學到很多背景句,譬如這句話的德文怎麼說?英文又怎麼說?AI 會嘗試學習怎麼翻譯這些語句。想像一下我們手邊是專門用來編曲的 AI 模型,一邊輸入旋律,另一邊輸入貝多芬譜寫曲子的方式,AI 就會學習如何將一段旋律「轉譯」成樂音和諧的曲子。

音樂的一大特點在於結構嚴謹,且有許多規則要遵守,要是沒有個專攻貝多芬的音樂學博士,想搞懂這些東西還真不容易。但機器可以憑藉統計數據和數學找出這些規則,進而譜寫曲目。

音樂界對此有什麼迴響?

回應好壞都有。有些人深感振奮,表示有個懂音樂、可以協助譜曲及探索不同音樂理念的 AI 很棒;不過也有人抗拒「用 AI 完成貝多芬未竟的交響曲」的想法,他們擔心 AI 會搶走自己的飯碗。

AI 有可能創作出百分之百原創的作品嗎?

當然。幾年前,我們曾開發出一個幾乎全自主作業的 AI 藝術家。我們讓它檢視過去 500 年來的西方藝術作品,並要求它創作

出風格前所未見的藝術作品。如果這個 AI 產出與印象派主義或畢卡索風格，或者和文藝復興風相似的作品，它會加以辨識，從中學習如何創作出全新的作品。

　　這項計畫的挑戰其實在於限制太多。讓 AI 自行創作音樂反而相對簡單，但要 AI 師法貝多芬，並憑藉少數草稿譜出一首交響曲？那可真是困難不少。（吳侑達譯）

前方為貝多芬留下的原始手稿，
後方則是 AI 譜寫的曲子。

EARTH 023

BBC 專家帶你展開科學新視野

作　　　者	《BBC 知識》國際中文版
譯　　　者	高英哲、吳侑達、黃妤萱、常靖等
編　　　輯	洪文樺

總　編　輯	辜雅穗
總　經　理	黃淑貞
發　行　人	何飛鵬
法 律 顧 問	台英國際商務法律事務所　羅明通律師

出　　　版	紅樹林出版
	臺北市中山區民生東路二段 141 號 7 樓
	電話 (02) 2500-7008　傳真 (02) 2500-2648

發　　　行	英屬蓋曼群島商家庭傳媒股份有限公司城邦分公司
	台北市中山區民生東路二段 141 號 B1
	書蟲客服專線 (02) 25007718．(02) 25007719
	24 小時傳真專線 (02) 25001990．(02) 25001991
	服務時間：週一至週五 09:30-12:00．13:30-17:00
	郵撥帳號：19863813 戶名：書蟲股份有限公司
	讀者服務信箱 email：service@readingclub.com.tw
	城邦讀書花園：www.cite.com.tw

香港發行所	城邦（香港）出版集團有限公司
	香港灣仔駱克道 193 號東超商業中心 1 樓
	email：hkcite@biznetvigator.com
	電話 (852) 25086231　傳真 (852) 25789337

馬新發行所	城邦（馬新）出版集團 Cité(M)Sdn. Bhd.
	41, Jalan Radin Anum, Bandar Baru Sri Petaling,
	57000 Kuala Lumpur, Malaysia.
	電話 (603) 90578822　傳真 (603) 90576622
	email：cite@cite.com.my

封 面 設 計	葉若蒂
印　　　刷	卡樂彩色製版印刷有限公司
內 頁 排 版	葉若蒂
經　銷　商	聯合發行股份有限公司
	客服專線：(02)29178022 傳真：(02)29158614

2023 年（民 112）6 月初版

Printed in Taiwan

ISBN 978-626-96059-9-6

BBC Worldwide UK Publishing

Director of Editorial Governance	Nicholas Brett
Publishing Director	Chris Kerwin
Publishing Coordinator	Eva Abramik

UK.Publishing@bbc.com
www.bbcworldwide.com/uk--anz/ukpublishing.aspx

Immediate Media Co Ltd

Chairman	Stephen Alexander
Deputy Chairman	Peter Phippen
CEO	TomBureau
Director of International	
Licensing and Syndication	Tim Hudson
International Partners Manager	Anna Brown

UK TEAM

Editor	Paul McGuiness
Art Editor	Sheu-Kuie Ho
Picture Editor	Sarah Kennett
Publishing Director	Andrew Davies
Managing Director	Andy Marshall

國家圖書館出版品預行編目 (CIP) 資料

BBC 專家帶你展開科學新視野 /《BBC 知識》國際中文版作；高英哲，吳侑達，黃妤萱，常靖等譯 .-- 初版 .-- 臺北市：紅樹林出版：英屬蓋曼群島商家庭傳媒股份有限公司城邦分公司發行，民 112.06
　面；　公分 . -- (Earth；23)
譯自：BBC Knowledge
ISBN 978-626-96059-9-6(平裝)

1.CST: 科學 2.CST: 科學技術

302.2　　　　　　　　　　　　112007200